棉田硫丹替代技术和病虫害绿色防控技术模式

生态环境部对外合作与交流中心
全 国 农 业 技 术 推 广 服 务 中 心　主编

中国环境出版集团 · 北京

图书在版编目（CIP）数据

棉田硫丹替代技术和病虫害绿色防控技术模式 / 生态环境部对外合作与交流中心，全国农业技术推广服务中心主编. -- 北京 : 中国环境出版集团，2020.12
ISBN 978-7-5111-4574-1

Ⅰ. ①棉… Ⅱ. ①生… Ⅲ. ②全… Ⅲ. ①棉田－病虫害防治－无污染技术－研究 Ⅳ. ①S435.62

中国版本图书馆CIP数据核字(2020)第258765号

出 版 人 武德凯
责任编辑 曲 婷
责任校对 任 丽
装帧设计 宋 瑞

出版发行 中国环境出版集团
（100062 北京市东城区广渠门内大街16号）
网 址：http://www.cesp.com.cn
电子邮箱：bjgl@cesp.com.cn
联系电话：010-67112765（编辑管理部）
发行热线：010-67125803，010-67113405（传真）
印装质量热线：010-67113404
印 刷 北京建宏印刷有限公司
经 销 各地新华书店
版 次 2020年12月第1版
印 次 2020年12月第1次印刷
开 本 787×960 1/16
印 张 6.25
字 数 100千字
定 价 35.00元

【版权所有。未经许可，请勿翻印、转载，违者必究。】
如有缺页、破损、倒装等印装质量问题，请寄回本集团更换。

中国环境出版集团郑重承诺：

中国环境出版集团合作的印刷单位、材料单位均具有中国环境标志产品认证；
中国环境出版集团所有图书“禁塑”。

编委会

主　　编： 余立风　朱景全　朱晓明

副 主 编： 任　永　张　扬　唐　睿
余　浪　郭　荣　洪　云

编写人员：（按姓氏笔画排序）

王昊杨　王京京　尹　丽　吕建平　朱晓明
朱景全　任　永　关秀敏　杜永均　李晶晶
杨　栋　余　浪　余彩芬　张　扬　张　帆
陆　骏　范婧芳　卓富彦　郑兆阳　郑　哲
施伟韬　姜　晨　党永飞　高永健　郭　荣
唐　睿　戴爱梅

前 言

2001 年，为了保护人类健康和环境免受持久性有机污染物（POPs）的危害，联合国环境规划署在瑞典斯德哥尔摩召开了外交全权代表大会，通过了《关于持久性有机污染物的斯德哥尔摩公约》（以下简称《公约》）。《公约》将包括滴滴涕、二噁英、六氯代苯、多氯联苯等 12 种化学物质列入首批受控物质清单。2004 年，经第十届全国人大常委会第十次会议批准，《公约》正式对我国生效。

2011 年，《公约》第五次缔约方大会将硫丹列入受控 POPs 物质清单。硫丹作为一类广谱性杀虫剂，在世界范围内广泛应用于农业虫害的防治。在我国，其主要用于非转基因棉花种植病虫害防治。2013 年 8 月，第十二届全国人大常委会第四次会议批准关于硫丹等 10 种持久性有机污染物的修正案。包括原环境保护部在内的 12 个部委于 2014 年 3 月 25 日发布了修正案生效的公告（公告 2014 年 第 21 号）。按照公告要求，我国需在特定豁免期结束前（即 2019 年 3 月 25 日前）淘汰在棉花种植等行业中使用硫丹，以实现硫丹在我国境内的全面淘汰。

为落实修正案要求，推动我国硫丹的淘汰与替代工作，生态环境部对外合作与交流中心与联合国开发计划署（UNDP）合作开发了“中国硫丹淘汰项目”（以下简称项目），旨在通过生物防治和替代技术淘汰虫害防治领域使用的硫丹。项目于 2017 年立项，2018 年，在新疆棉花产区进行了硫丹替代方法筛选试验和棉花病虫害全程绿色防控技术模式开发工作。为了更好地推广硫丹替代经验和绿色防控技术，生态环境部对外合作与交流中心组织有关专家编写了《棉田硫丹替代技术和病虫害绿色防控技术模式》一书。全书共分 5 章，第一章介绍了硫丹的理化特性与毒性，第二章系统地综述了硫丹的环境风险，第三章梳理了硫丹禁限用相关政策法规，第四章和第五章分别介绍了棉田硫丹替代技术和棉花病虫害绿色防控技术模式。

由于笔者水平有限，书中难免存在不妥之处，敬请广大读者批评指正。

目　录

第三章　硫丹禁限用相关政策法规 /35

第四章　棉田硫丹替代技术 /39

第一章

硫丹的理化特性与毒性

硫丹为一种无色液体制剂，曾作为有机氯杀虫剂被广泛用于农业害虫的防治，属非内吸性、有触杀作用和胃毒性的农药，防治一些刺吸式和咀嚼式的害虫，如蚜虫、蓟马、甲虫、叶螨、夜蛾幼虫、钻蛀性虫、螟虫、蝽象、粉虱、叶蝉、木虱、田螺、草坪蚯蚓、采采蝇等，应用的作物也较为广泛，如棉花、烟草、大豆、玉米、咖啡、土豆、花生、柑橘和蔬菜等。

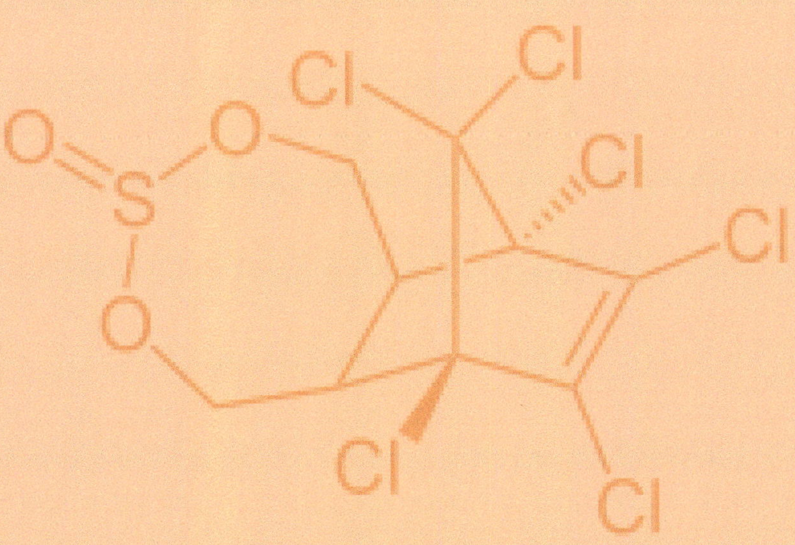

一、制剂名称

中文通用名：硫丹

英文通用名：Endosulfan

国内商品名：赛丹、硕丹、安杀丹、雅丹、韩丹、盖保、奥达、狂卷、安杀番、安都杀芬、瑞通、赛达克、赛灵丹。

我国市场上曾经有多种含硫丹有效成分的复配制剂，2001—2009 年中国市场上的硫丹复配剂有 17 种之多。

二、化学特性和物理特性

化学名称：1, 2, 3, 4, 7, 7- 六氯双环（2, 2, 1）庚 -2- 烯 -5, 6- 双羟甲基亚硫酸酯（或 6, 7, 8, 9, 10, 10- 六氯 -1, 5, 5a, 6, 9, 9a 六氢 -6, 9- 亚甲基 -2, 4, 3- 苯并 - 二恶噻频 -3- 氧化物）

分子式：$C_9H_6Cl_6O_3S$

分子量：406.9 克 / 摩尔

硫丹的化学结构式见图 1-1。

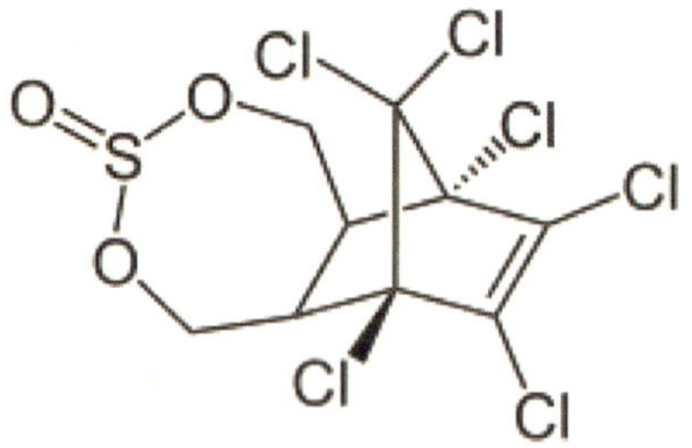

图 1-1　硫丹的化学结构

硫丹作为六氯环戊二烯类的衍生物，工业级硫丹为异构体 α- 硫丹和 β- 硫丹按照约 7 ： 3 比例混合的混合物。工业级硫丹中 α- 硫丹比例为 64% ～ 67%，β- 硫丹比例为 29% ～ 32%，α- 硫丹是混合物中的活性成分。

工业级硫丹一般为米色或褐色，大部分为米色晶体。制剂为无色晶体。

密度：20℃时为 1.8 克 / 厘米^3。22℃时，水中溶解度为 0.32 毫克 / 升（α- 硫丹）、0.33 毫克 / 升（β- 硫丹）。20℃时，水中溶解度为 0.51 毫克 / 升（α- 硫丹）、0.45 毫克 / 升（β- 硫丹），醋酸乙酯、二氯甲烷和甲苯中溶解度为 200 克 / 升，乙醇中溶解度为 65 克 / 升，已烷中溶解度为 24 克 / 升。

Log *P* 值：3.55 ～ 4.73。

Log *K*ow 值（HPLC 法测定）：4.65（α- 硫丹），4.34（β- 硫丹）。

蒸汽压：25℃时为 1.33 毫帕，20℃时为 8.3 毫帕；20℃时，当 α- 硫丹和 β- 硫丹的混合比例为 2 ∶ 1 时为 0.83 毫帕。

熔点：106℃。工业级硫丹≥ 80℃，α- 硫丹为 109.2℃，β- 硫丹为 213.3℃。

沸点：401.28℃。

反应性：碱性溶液中易分解释放出二氧化硫，对铁有腐蚀性，可与非碱性农药混用。遇湿气逐渐分解失效。与二醇和二氧化硫配制，在水溶酸和水溶碱中缓慢水解。

光敏性：具有光稳定性。

亨利常数：1.12 E-5 大气压 - 米^3/ 摩尔。

三、毒理毒性

（一）对哺乳动物的作用

1. 作用方式

硫丹对大脑中的 γ- 氨基丁酸（GABA）β 受体具有亲和性，可以作为非竞争性的 γ- 氨基丁酸 β 受体对抗剂。γ- 氨基丁酸同其受体相结合，使神经元摄取氯化物离子，造成细胞膜超极化，阻碍相关作用，导致神经元的部分再极化以及失控的兴奋状态。

2. 中毒症状

临床症状：呕吐、烦躁、抽搐、发绀、呼吸困难、口吐白沫和呼吸急促。

3. 体内的吸收、分布、排泄和代谢

硫丹可以经口摄取、吸入和皮肤接触等方式被人体吸收。大鼠口服硫丹的吸收率达到 90% 以上，雄性大鼠和雌性大鼠的血浆浓度分别在 3 ～ 8 小时和 18 小时后达到最高值。大部分硫丹会通过粪便排出，少量则通过尿液排出，超过 85% 的硫丹在 120 小时内排出体外。肾脏的组织浓度最高。硫丹的人体代谢物包括硫丹硫酸盐、二醇、羟基醚、乙醚和内酯，但大部分代谢物是尚未查明的极性物质。

（二）对哺乳动物的毒理学

世界卫生组织（WHO）于 2004 年将硫丹定为中度危险物质。根据服用方式、物种、载体和动物性别的不同，硫丹的半致死剂量有很大区别。无论以何种方式服用，硫丹对雌性大鼠的毒性都大于雄性大鼠。雌性大鼠的口服半致死剂量为 9.6 毫克 / 千克体重，雄性大鼠的口服半致死剂量为 160 毫克 / 千克体重。急性中毒的临床症状包括毛发竖立、流涎、多动、呼吸衰竭、腹泻、战栗、蜷缩和抽搐。硫丹对兔子的眼睛和皮肤不具有刺激性，对豚鼠的皮肤也不具有敏化作用。针对大鼠和小鼠的研究发现，硫丹不具有遗传毒性或致癌性。在报道的各项研究中均未发现任何剂量的硫丹对大鼠的生殖性能以及大鼠和兔子的后代的生长发育造成影响。

1. 急性毒性

雌性大鼠的口服半致死剂量为 9.6 毫克 / 千克体重，雄性大鼠的口服半致死剂量为 160 毫克 / 千克体重。

雌性大鼠的经皮半致死剂量为 500 毫克 / 千克体重，雄性大鼠

的经皮半致死剂量大于 4 000 毫克 / 千克体重。

研究发现，雌性大鼠的吸入半致死剂量为 13 毫克 / 米 ^{3}，雄性大鼠的吸入半致死剂量为 35 毫克 / 米 ^{3}。

刺激性：硫丹对兔子的眼睛和皮肤不具有刺激作用。

敏化作用：硫丹对豚鼠的皮肤不具有敏化作用。

急性中毒的临床表现：毛发竖立、流涎、多动、呼吸衰竭、腹泻、战栗、蜷缩和抽搐。

2. 短期毒性

按照 2 ～ 200 毫克 / 千克饲料的比例给雄性大鼠喂食硫丹，两周之后，多功能氧化酶的作用发生改变。在硫丹比例达到最高时［200 毫克 / 千克饲料，大致相当于 10 毫克 /（千克体重・日）］，引发多功能氧化酶作用。

以 1.0 毫克 /（千克体重・日）、2.5 毫克 /（千克体重・日）或 5 毫克 /（千克体重・日）的剂量每日喂食雌性大鼠口服硫丹，7 天或 15 天后，体重、卵巢或肾上腺重量没有发生任何变化。在剂量为 2.5 毫克 /（千克体重・日）和 5.0 毫克 /（千克体重・日）时，肝脏重量增加，戊巴比妥睡眠时间缩短，出现氨基比林脱甲基酶苯胺羟化酶，与剂量有关的转氨酶活动和自发脂过氧化反应增加。

以 5 毫克 /（千克体重・日）或 10 毫克 /（千克体重・日）的剂量通过口部插管给雄性大鼠喂食硫丹，15 天后，体重以 10 毫克 /（千克体重・日）的速度下降。在实验过程中，12 只大鼠中有 3 只死亡。

以 2.5 毫克 /（千克体重・日）的剂量喂食 4 只狗口服硫丹 3 天，4 只狗均出现呕吐现象，其中 3 只狗还出现了战栗、抽搐、呼吸急促和瞳孔放大等症状。

以 2 毫克 /（千克体重・日）、3 毫克 /（千克体重・日）或 4 毫克 /（千克体重・日）的剂量通过插管给猫静脉注射硫丹，在 3 个剂量水平上均观测到肌肉颤抖和随之发生的抽搐。以 3 毫克 /（千克体重・日）和 4 毫克 /（千克体重・日）剂量注射，15 分钟和 30 分钟后，血糖明显升高，4 小时后才逐渐降低。

3. 亚慢性毒性

每日以 1.6 ～ 3.2 毫克 /（千克体重 • 日）的剂量喂食大鼠口服硫丹，12 周之后，大鼠的发育速度未受到明显影响。

以 0.625 毫克 /（千克体重 • 日）、5.0 毫克 /（千克体重 • 日）或 20 毫克 /（千克体重 • 日）的剂量喂食雄性大鼠口服硫丹，每周 6 天，口服 7 周之后，血糖略有上升，血浆钙含量下降。

4. 遗传毒性（包括诱变性）

利用一系列体外（具备或不具备代谢活化作用）及体内实验检测硫丹的遗传毒性，大部分实验没有发现遗传毒性的迹象，因此认为，硫丹不具有遗传毒性。

5. 长期毒性和致癌性

根据 1984 年《国际化学品安全方案》的记载，按 10 毫克 / 千克饲料、30 毫克 / 千克饲料和 100 毫克 / 千克饲料的剂量给雄性大鼠和雌性大鼠喂食工业级硫丹，持续 104 周。在剂量为 10 毫克 / 千克饲料和 30 毫克 / 千克饲料时，雌性大鼠在第二年出现死亡。26 周后，剂量为 100 毫克 / 千克饲料的雌性大鼠组别与控制组别相比，成活率明显降低，伴随有体重增加和血液参数异常。剂量为 10 毫克 / 千克饲料组别中的大鼠相对睾丸重量大幅下降。组织病理学结果仅出现在 100 毫克 / 千克饲料组别，其中包括肾脏增大、肾小管损害迹象并伴发间质性肾炎、肝细胞水肿变化，未确定肿瘤发生率的增加。无观测效应水平为 30 毫克 / 千克饲料，相当于 1.5 毫克 /（千克体重 • 日）。

以 3 毫克 / 千克饲料、7.5 毫克 / 千克饲料、15 毫克 / 千克饲料和 75 毫克 / 千克饲料的剂量给雌性大鼠和雄性大鼠喂食工业级硫丹，持续 24 个月。在剂量为 75 毫克 / 千克饲料的组别中，大鼠的体重和体重增加量都有所降低。任何剂量均未出现临床毒性症状。在剂量为 75 毫克 / 千克饲料时，雌性大鼠肾脏增大的发生率增加，雄性大鼠淋巴结增大的发生率增加。在剂量为 75 毫克 / 千克饲料时，组织病理学检查显示，雄性大鼠的动脉瘤和渐进性肾小球肾炎的发病率增加，但肿瘤发病率未见增加。无观测不良效应水平为 15 毫克 / 千克饲料，相当于 0.6 毫克 /（千克体重・日），依据是增加剂量则体重减轻，并出现病理学症状。

以 2 ～ 18 毫克 / 千克饲料的剂量给小鼠喂食硫丹，持续 24 个月。在剂量为 18 毫克 / 千克饲料时，雄性小鼠的死亡率增加，体重增加幅度略有下降，肿瘤发病率未增加。无观测不良效应水平为 0.84 毫克 / 千克饲料，相当于 0.97 毫克 /（千克体重・日）。

以浓度为 18 毫克 / 千克的硫丹喂食小鼠 24 个月，未发现致癌作用；以浓度为 445 毫克 / 千克的硫丹喂食雌性大鼠，持续 78 周；在另外两项研究中，以浓度为 75 毫克 / 千克或 100 毫克 / 千克的硫丹喂食雄性大鼠和雌性大鼠，持续 2 年。

6. 对生殖的影响和致畸性

针对两代大鼠的研究发现，饲料浓度为 0 毫克 / 千克、3 毫克 / 千克、15 毫克 / 千克或 75 毫克 / 千克的硫丹不会对生殖功能或后代的生长发育造成影响。无观测不良效应水平为 75ppm，这是测试的最高浓度，雄性大鼠相当于 5 毫克 /（千克体重・日），雌性大鼠相当于 6.2 毫克 /（千克体重・日）。母体毒性的无观测不良效应水平是 15ppm，雄性大鼠相当于 1 毫克 /（千克体重・日），雌性大鼠相当于 1.2 毫克 /（千克体重・日），依据是硫丹浓度在 75ppm 时出现肝、肾重量增加。

在两项发育毒性研究中，以 0 毫克 /（千克体重・日）、0.66 毫克 /（千克体重・日）、2 毫克 /（千克体重・日）或 6 毫克 /（千克体重・日）的口服剂量给大鼠喂食硫丹，母体毒性的无观测不良效应水平分别为 0.66 毫克 /（千克体重・日）和 2 毫克 /（千克体重・日）。在第一项研究中，无观测不良效应水平的依据是在剂量为 2 毫克 /（千克体重・日）时，体重增加量减少；在剂量为 6 毫克 /（千克体重・日）

时，体重增加量减少且出现临床毒性症状。在第二项研究中，无观测不良效应水平的依据是在剂量为 6 毫克 /（千克体重・日）时，出现死亡、临床毒性症状和体重增加量减少等现象。在上述两项研究中，发育毒性的无观测不良效应水平均为 2 毫克 /（千克体重・日），第一项研究的依据是在剂量为 6 毫克 /（千克体重・日）时，出现发育迟缓和骨骼生长率降低，第二项研究的依据是在剂量为 6 毫克 /（千克体重・日）时，胸椎中枢破碎的发生率增加。以上两项研究均未发现与服用硫丹相关的畸形。

在对兔子进行的一项发育毒性研究中，以 0 毫克 /（千克体重・日）、0.3 毫克 /（千克体重・日）、0.7 毫克 /（千克体重・日）或 1.8 毫克 /（千克体重・日）的口服剂量给兔子喂食硫丹，母体毒性的无观测不良效应水平为 0.7 毫克 /（千克体重・日），依据是在剂量为 1.8 毫克 /（千克体重・日）时出现临床毒性症状。发育毒性的无观测不良效应水平为 1.8 毫克 /（千克体重・日），这是测试的最高剂量。

7. 神经毒性

多项研究发现，通过管饲法以 2 毫克 /（千克体重・日）的剂量（持续 90 天）或以高达 6 毫克 /（千克体重・日）的剂量（持续 30 天）给大鼠喂食硫丹（纯度为 95%），可以观测到行为和生物化学变化。各项研究均发现明显的毒性症状（体重下降、进食量减少、死亡、肿瘤发病率增加以及肝酶活动增加），还发现某些行为变化，包括运动活性增加、条件性逃避反应和非条件性逃避反应受到抑制以及躲避反应受到抑制。

（三）对人类的毒理学

硫丹曾广泛存在于环境中，人类接触硫丹的最可能方式是食用受污染的食物，或通过呼吸、进食及饮用，或通过皮肤接触。研究者对动物曾进行了大量硫丹的毒性研究，其目的是确定毒性的目标器官和可能的影响范围。任何化学物质的影响都是由剂量、持续时间和接触时间决定的。在接触硫丹的人群中，观察到的健康影响范围与动物研究中描述的影响范围非常相似。事实证明，如果在早期发育阶段接触硫丹，很低的毒物剂量可能会导致不利的健康影响，在以后的生活中表现为功能性或器官性疾病。

1. 急性毒性

与大多数农药的情况一样，硫丹会因过度接触而对人类产生急性毒性，而急性经口毒性高于接触毒性。如果出现包括癫痫在内的主要中枢神经系统表现，并可能伴有肝功能衰竭等其他器官功能障碍的临床或实验室证据，就可以怀疑是硫丹中毒。硫丹的急性中毒症状包括死亡、临床反应、胃和小肠痉挛、肺和肾上腺充血、小肠发红、神经毒性、红斑、肌张力、脱水、肺出血、颗粒状肝脏、大肠痉挛、肾脏充血、恶心、呕吐、癫痫和头晕。

2. 慢性毒性

对硫丹在动物体内的亚急性和慢性毒性研究表明，肾脏、肝脏、免疫系统和睾丸是主要的目标器官。长时间接触硫丹会导致免疫抑制、神经系统紊乱、先天性出生缺陷、染色体异常、智力迟钝、学习和记忆力下降。一些迹象表明，低水平接触硫丹会对免疫系统产生不利影响。越来越多的证据表明，有机氯化合物可以起到激素的作用。硫丹也是导致精液质量下降、睾丸癌和前列腺癌增加、男性性器官缺陷增加以及乳腺癌发病率升高的原因之一。

3. 对神经系统的影响

硫丹的神经毒性是对人类和动物产生的主要急性和慢性影响。已记录在案的人类数据显示，中枢神经系统是硫丹作用的主要目标。已经通过实验研究了组织培养物、无脊椎动物和包括哺乳动物在内的脊椎动物的硫丹神经毒性。硫丹的神经毒性机制以其抑制GABA-A型受体的能力为主，尽管还存在其他目标。有研究认为，在没有引起抽搐的剂量下，硫丹诱发的皮质电位振幅大幅增加。这些反应可以作为一种非侵入性的诊断工具，用于检测人类的低浓度硫丹中毒情况。脑瘫、癫痫等疾病与接触硫丹有关，而且会增加患帕金森病的风险。

4. 对生殖系统的毒性

近年来，人们越来越关注包括农药在内的一些化学品对雄性生殖系统的毒性。有研究者于 2003 年开展了研究，以审查环境中的硫丹接触与男性儿童和青少年生殖发育之间的关系。研究参数包括记录临床病史、体格检查、性成熟度评分（SMR），以及估计睾酮、黄体生成素、卵泡刺激素和硫丹残留物的血清水平。研究显示在控制了年龄后，与对照组相比，研究组的 SMR 评分和血清睾酮水平显著降低，而血清黄体生成素水平较高。

5. 遗传毒性与致癌风险

2000 年研究了 α- 硫丹和 β- 硫丹在体外与 HepG2 细胞系的遗传毒性。他们使用姐妹染色单体交换（SCE），微核（MN）和单细胞凝胶电泳（SCG）分析检测到的 DNA 链断裂作为生物标记物来判断 1×10^{-12} ～ 1×10^{-3} 摩尔浓度硫丹的遗传毒性。用 β- 硫丹处理 HepG2 细胞 48 小时后，SCE 的浓度显著增加，MN 的浓度显著增加。α- 硫丹在 SCE 和 MN 分析中均未显示出显著效果。用 α- 硫丹或 β- 硫丹处理 HepG2 细胞 1 小时后，α- 硫丹在 2×10^{-4} ～ 1×10^{-3} 摩尔浓度下可明显诱导 DNA 链断裂，而 β- 硫丹则在 1×10^{-3} 摩尔浓度下观察到此现象。表明 α- 硫丹和 β- 硫丹均对 HepG2 细胞具有遗传毒性，并且 β- 硫丹的遗传毒性强于 α- 硫丹。

前期研究发现硫丹具有血管内皮细胞毒性，能够引起血管内皮细胞周期阻滞、凋亡和炎症反应，导致血管内皮细胞功能失调，考虑可能与人类疾病关系密切。采用 DNA 微阵列研究分析了硫丹暴露（20 微摩尔、40 微摩尔、60 微摩尔）对 HUVEC-C 细胞的基因表达谱的影响，结果表明，硫丹能够引起差异表达的基因数量增加，具有剂量依赖性关系。硫丹引起多种生物学过程和信号通路发生变化，与硫丹引起血管内皮细胞损伤的表型变化一致。低剂量（20 微摩尔）

硫丹暴露引起下调的基因主要涉及细胞骨架调节，较高剂量（40 微摩尔和 60 微摩尔）硫丹暴露引起下调的基因涉及细胞周期和凋亡，而上调的基因涉及炎症反应和癌的转录失调信号通路。硫丹暴露与人类的消化系统疾病、代谢疾病、心血管疾病和癌症相关。其中最相关的癌症是肝癌、前列腺癌和白血病。硫丹促进前列腺癌发展的关键基因 *PTP4A3*，可能通过提高 *PTP4A3* 的 mRNA 表达水平而促进前列腺癌的迁移能力。

第二章

硫丹的环境风险

一、对环境生物的毒理学

（一）脊椎动物

1. 鸟类

硫丹对鸟类具有毒性。

口服半致死剂量：

绿头鸭（*Anas platyrhynchos*）：6.47 ～ 245 毫克 / 千克体重；

雉鸡（*Phasianus colchicus*）：620 ～ 1 000 毫克 / 千克体重。

喂食 5 天半致死浓度：

绿头鸭：1 053 毫克 / 千克饲料；

雉鸡：1 275 毫克 / 千克饲料；

鹌鹑（*Coturnix coturnix japonica*）：1 250 毫克 / 千克饲料；

山齿鹑（*Colinus virginianus*）：805 毫克 / 千克饲料。

2. 鱼类

硫丹对鱼类具有强毒性。

96% 工业级硫丹的 96 小时半致死浓度：

彩虹鳟（*Oncorhynchus mykiss*）：1.4 微克 / 升；

肥头鲤（*Cyprinus pellegrini*）：1.5 微克 / 升；

叉尾鮰（*Ictalurus punctatus*）：1.5 微克 / 升。

α- 硫丹的 96 小时半致死浓度：

野鲮（*Labeoninae*）：0.33 微克 / 升；

条纹鳠（*Mystus vittatus*）：0.17 微克 / 升。

β- 硫丹的 96 小时半致死浓度：

野鲮：7.1 微克 / 升。

慢性毒性：

罗非鱼（*Sarotherdon mossambicus*）生殖情况的 9 周无观测效应浓度（NOEC）为 0.2 微克 / 升（按纯硫丹计算，α- 硫丹浓度相当于 0.14 微克 / 升）。

（二）节肢动物

1. 陆生节肢动物

硫丹对蜜蜂（*Apis mellifera*）具有中等至低等毒性：

接触半致死剂量：7.1 微克 / 只蜜蜂；

口服半致死剂量：6.9 微克 / 只蜜蜂；

在实地条件下，当硫丹用量为 37.3 克 / 亩 * 时对蜜蜂无毒。

2. 水生节肢动物

硫丹对水生节肢动物具有强毒性：

海虾（*Crangon septemspinosa*）的 96 小时半致死浓度：0.2 微克 / 升；

青蟹（*Scylla serrata*）的 96 小时半致死浓度：55 微克 / 升；

大型蚤（*Daphnia magna*）的 64 天无观测效应浓度：2.7 微克 / 升；

大型蚤的 48 小时半有效浓度：75 ～ 750 微克 / 升；

石蝇（*Pteronarcys californiaca*）的 96 小时半致死浓度：2.3 微克 / 升；

淡水螨（*Hydrachna trilobata*）的 48 小时半有效浓度：2.8 微克 / 升。

（三）植物

硫丹对藻类具有毒性：

小球藻（*Chlorella vulgaris*）的 14 天无观测效应浓度：700 微克 / 升。

硫丹具有植物性毒素作用：

1 000 毫克 / 升活性成分浓度可将黄瓜花粉的生长和长度分别减少至对照的 54.6% 和 8.1%；

0.035% ～ 0.14% 浓度可致葫芦出现叶面斑点坏死；

鹰嘴豆（*Cicer arietinum*）种子受硫丹影响后存活率下降、生长

---

*1 亩＝ 1/15 公顷。

受到抑制，在浓度为 1 毫克 / 升时，抑制现象发生逆转，但浓度为 10 毫克 / 升时，抑制现象持续，硫丹影响萌芽和秧苗生长的各个重要阶段；

体外实验发现，根膜的渗透性与硫丹剂量变化有关，但尚未发现硫丹的正常用途对植物具有剧毒。

（四）其他物种

硫丹对软体动物具有毒性：

海洋美洲牡蛎（*Crassostrea virginica*）的 96 小时半有效浓度：65 微克 / 升。

成年淡水无褶螺（*Aplexa hypnorum*）的 96 小时半致死浓度：1 890 微克 / 升。

硫丹对环节动物具有毒性：

成年多毛环节毛虫（*Nereis nereis*）的 12 天半致死浓度：100 微克 / 升。

硫丹对原生动物具有毒性：

双小核草履虫（*Paramecium aurelia*）的 5 天无观测效应浓度：100 微克 / 升。

硫丹对轮形动物具有毒性：

淡水轮虫（*Brachionus calyciflorus*）的 24 小时半致死浓度：5.15 毫克 / 升。

二、残留与风险

（一）硫丹的环境残留

1995 年有调查研究表明，硫丹已经广泛存在于全球的环境中，而且是所检测的 22 种有机氯化合物中残留浓度最高的品种之一。硫丹存在的广泛性，也就意味着它可能存在的风险的普遍性。

1. 硫丹的环境参数

（1）土壤和沉淀物。

α- 硫丹的消失速度快于 β- 硫丹。主要降解物是硫丹硫酸盐，在某些情况下降解为硫丹二醇。实地研究发现，α- 硫丹和 β- 硫丹的半衰期分别为 60 天和 900 天。硫丹（包括 α- 硫丹、β- 硫丹和硫丹硫酸盐）的半衰期为 5 ～ 8 个月。没有关于两种异构体和硫丹硫酸盐渗入土壤的报告。硫丹在泥土中的降解与其在沉淀物中的降解过程不同。对淹水土壤的研究表明，与土壤研究相比，降解物硫丹二醇增加，硫丹硫酸盐减少。

（2）水体。

硫丹在普通水（pH 为 7，氧气浓度正常）中的半衰期是 7 天。如 pH 和氧气含量降低，会抑制降解作用。在 pH 为 7 的厌氧条件下，半衰期为 5 周，在 pH 为 5.5 时，半衰期将近 5 个月。

（3）光降解。

α- 硫丹和 β- 硫丹对光降解具有很强的抵抗力，但硫丹硫酸盐和硫酸二醇则很容易发生光降解。

（4）空气。

根据 α- 硫丹和 β- 硫丹的蒸汽压力、计算得出的亨利常数和相关监测数据，硫丹的两种异构体在实地情况下均具有中度至高度挥发性，可在空中远距离飘移。相比之下，α- 硫丹的挥发性更强。在北极等偏远地区的空气、雪和生物区系样本中均已检测出硫丹，这就是远距离大气传输的结果。

（5）生物浓度 / 生物累积。

α- 硫丹、β- 硫丹和硫丹硫酸盐的辛醇 / 水分配对数分别为 4.74、3.83 和 4.79，表明这些物质可以在生态区系中发生生物积累。

（6）持久性。

实验室研究发现，硫丹的半衰期小于 30 天，据此推断，α- 硫丹和 β- 硫丹不会在土壤中持久存留。但实地研究发现，工业级硫丹和硫丹硫酸盐在土壤中的半衰期为 3 ～ 8 个月，β- 硫丹的半衰期为 900 天。

2. 硫丹的残留标准

（1）中国。

农业农村部农药检定所网站中国农药信息网查询结果显示，截至 2009 年，中国未制定在水产品、兽产品、禽产品中硫丹残留限量标准。棉籽、梨果类的残留限量为 1 毫克 / 千克，甘蔗中的残留限量为 0.5 毫克 / 千克。自 2018 年 7 月 1 日起，中国撤销所有硫丹产品的农药登记证；自 2019 年 3 月 27 日起，禁止所有硫丹产品在农业领域使用。2019 年 8 月 15 日发布的《食品安全国家标准　食品中农药最大残留限量》（GB 2763—2019）中规定，硫丹的每日允许摄入量（ADI）为 0.006 毫克 / 千克体重，其最大残留限量分别为：油料和油脂中 0.05 毫克 / 千克，蔬菜 0.05 毫克 / 千克（临时限量），水果 0.05 毫克 / 千克（临时限量），坚果 0.02 毫克 / 千克，糖料 0.05 毫克 / 千克，饮料 0.2 ～ 10 毫克 / 千克，调味料 0.5 ～ 5 毫克 / 千克，肉蛋奶类产品 0.01 ～ 0.5 毫克 / 千克。

（2）日本。

日本几乎对每一种食物都进行了硫丹残留限制，日本《食品中残留农业化学品肯定列表制度》规定，水产品（鳗鲡目、甲壳纲、鲈形目及其他水生生物）的硫丹残留量限制标准是 0.004 毫克 / 千克。水源和土壤不得检出硫丹，检出限量为：水源 0.04 微克 / 千克，土壤 0.002 ～ 0.001 微克 / 千克。

（3）美国。

美国未制定硫丹在水产品中的残留限量标准。但是美国国家环境保护局 2002 年之后对以下产品的残留限量提出了建议：牛、山羊、绵羊、马、猪脂肪由 13.0 毫克 / 千克降低至 0.2 毫克 / 千克；肉由 2.0 毫克 / 千克降低至 0.2 毫克 / 千克；副产品由 1.0 毫克 / 千克降低至 0.2 毫克 / 千克。

（4）欧盟。

欧盟自 2005 年 8 月 1 日起，将硫丹的农残检测标准限量由 30 毫克 / 千克降至 0.01 毫克 / 千克。对肉蛋奶禽类农产品的最高检出标准为 0.05 毫克 / 千克；水果、蔬菜、粮食及其他植物制品的最高检出标准为 0.05 ～ 5 毫克 / 千克，蜂蜜等其他产品的最高检出标准为 0.01 毫克 / 千克。

（5）韩国。

韩国未制定硫丹在水产品中的残留限制标准。硫丹在植物及动物产品中的残留限量标准是 0.03 ～ 0.1 毫克 / 千克。

3. 硫丹的环境残留

（1）作物及农产品残留。

国内硫丹在苹果、烟草和棉花上使用的残留动态研究数据表明，350 毫克 / 升浓度的硫丹在苹果及土壤上不同施药量、不同施药次数、不同施药时期和相同施药次数的最终残留量测定结果，均小于当时 FAO/WHO 推荐的硫丹在水果中的最大允许残留限量 2 毫克 / 千克。最终残留试验，按常规剂量 100 克 / 亩（有效成分 35 克 / 亩）用药，施药 3 次，最后一次施药距采收 10 天时，烟叶中残留量平均在 8.83 毫克 / 千克；15 天时平均在 4.47 毫克 / 千克。当时 FAO/WHO 未对烟叶中硫丹最大允许残留量做出规定，茶叶中硫丹的最高残留标准限量 MRL 值为 30.0 毫克 / 千克，美国、印度为 24.0 毫克 / 千克，研究数据均小于上述规定，因此认为，烟叶吸食安全。棉田使用 35% 的硫丹乳油，当剂量为 120 毫升 / 亩时，采样距喷药间隔分别为 20 天、40 天、60 天，在棉籽中均未检出残留量，说明使用剂量为 120 毫升 / 亩、安全间隔期为 20 天时，不会对棉籽造成污染。2004 年对硫丹在绿茶和乌龙茶中的残留动态的初步研究结果表明，硫丹在茶叶中的原始附着量较高，并随施药浓度的提高而线性上升。但施用 35% 的硫丹乳油后 3 天，所有处理茶叶中的硫丹残留量均低于 30 毫克 / 千克，即低于 FAO/WHO、欧盟等国际组织当时制定的最高残留限量标准。

硫丹在蔬菜、水果和农产品中的残留非常普遍。硫丹是美国所检测5 000种食物中经常被检测出的残留之一，欧洲的水果和蔬菜亦是如此。2001—2006年，在西班牙巴塞罗那的油、草莓、辣椒、芹菜和黄瓜中，意大利的红辣椒和茄子中，塞浦路斯的蔬菜和葡萄中均检出了硫丹残留。对德国的有机废物进行的分析发现，在莴笋和少量的热带水果果皮和花卉中均有硫丹残留。在新西兰，32%的受检番茄中都有硫丹残留，残留水平甚至高达972微克/千克，辣椒、小胡瓜、黄瓜、梨子、植物油、沙拉调味汁、花生和花生酱中也有发现。西班牙的牛肉和猪肉中都有硫丹残留，印度的山羊和鸡肉中也有发现。中国南方的海产品受检样本中有4.2%检出硫丹残留，加纳海岸潟湖所产的海扇蛤、牡蛎、贻贝，印度的贻贝，马来西亚的海鳝、贻贝和鱼都检出有硫丹。在澳大利亚和其他很多国家的淡水水产品中都检出有硫丹，包括印度、美国、赞比亚、贝宁、肯尼亚、坦桑尼亚、尼日尔、乌干达。在美国和加拿大的大湖所产的鳟鱼、美国西部国家公园所产的鱼、阿根廷河湾的鱼、印度养殖的对虾、牙买加的下颌牡蛎中都检出有硫丹。在土耳其的蜂蜜、法国蜜蜂巢穴样本中23.4%的蜂蜡都有硫丹残留。在美国检测的每个酒瓶塞子都有硫丹。在西班牙的橄榄和橄榄油中，硫丹是最常被检出的农药残留物。近年来，硫丹在韩国的草药中也被检出，甚至在西班牙婴儿的配方奶中也有检出。在印度的旁遮普棉花籽中硫丹的检出率为22%。在巴基斯坦的棉籽中也检出有硫丹。在印度的芥末油和植物油中也有硫丹残留。在斯里兰卡的整个茶叶系统中，都检出了硫丹：新鲜茶叶1 475微克/千克、成品茶446微克/千克、土壤1 058微克/千克、水体27微克/千克。

2005年的蔬菜有机氯残留检测表明，胡萝卜对有机氯农药（OCPs）的富集能力较强，而莴苣、蒜苗和菠菜对六氯苯、狄氏剂、异狄氏剂和硫丹有较高的生物富集能力。虽然各种蔬菜体内有机氯农药的残留量低于国家最大残留限量，但其检出率仍为100%，对农产品的质量安全和人类健康造成潜在的威胁。

（2）水体残留。

硫丹在日常饮水中也曾被检出，包括菲律宾、摩洛哥、印度、巴基斯坦、美国、中国等。在哥伦比亚的检出浓度为 116.6 微克 / 升，在阿根廷 Cordoba 附近的家庭供水和大豆种植供水、马来西亚的 Selangor River 饮用水水源中，2003 年检测出硫丹残留浓度为 1.85 微克 / 升。

1999 年 6 月中国对水体有机氯残留的研究中发现，所调查的 15 个站点地表水和 13 个站点的间隙水中，检测到的 18 种有机氯农药，β- 硫丹、硫丹硫酸盐和其他 5 种有机氯农药占 90% 以上（地表水 94.3%，间隙水 93.9%）。1999 年 11 月对闽江的水体有机氯检测发现，闽江口有机氯农药的组分特征：其主成分为 β-HCH、DDE、七氯、β- 硫丹和甲氧滴滴涕。2000 年发表的文献研究中，珠江澳门河口的有机氯测定中，硫丹作为所检测的有机氯农药之一，检出的比重不在前 10 种化学物质中。2004 年 10 月泉州湾沉积物中有机氯研究显示，硫丹硫酸盐在上层和下层总有机氯含量中占比分别为 36.8% 和 46.07%，明显高于硫丹的 1.07% 和 0.76%，表明硫丹氧化程度较高。2004—2009 年有研究者在雷州半岛采集 74 个表层土壤和 4 个剖面土壤进行有机氯农药残留和分布分析，结果显示，有机氯农药的检出率为 100%，其中硫丹硫酸盐和 β- 硫丹分别排在前 5 种检出成分的第三位和第四位，检出量按照取样来源排序：菜地＞水田＞果园＞甘蔗地。2005 年 11 月，在黄河中下游表层沉积物中能够检测到绝大多数有机氯农药，其中以 DDTs、HCHs、六氯苯、氯丹类农药为主，检出率为 100%，且含量较高，而其他类农药如九氯、硫丹及硫丹硫酸盐类的含量较低。广东顺德区的长江三角洲 26 个样本有机氯检测结果显示，β- 硫丹检出率为 96.15%，仅次于艾氏剂的 100%。部分有机氯农药在土壤中的含量还处于相当高的水平，如硫丹硫酸盐最高含量达到了 71.01 微克 / 千克。同个区域的另一研究稍有不同，4

种土壤/沉积物样品总有机氯农药组分特征是β-HCH、七氯、艾氏剂、异狄氏剂、硫丹硫酸盐和甲氧滴滴涕6种农药均为主要成分，占总有机氯农药的53.56%～77.26%。2006年7—8月，有研究者采集并分析了新疆孔雀河9个表层沉积物样品中22种OCPs含量，其主要含量的顺序为：六六六＞异狄氏剂醛＞滴滴涕＞艾氏剂＞β-硫丹＞异狄氏剂＞氯丹，浓度变化范围为1.36～24.60纳克/克。2007年海河的研究显示，海河沉积物中有一定的硫丹被检出，主要集中在海河三岔口和河口区域，主要检出物质有七氯、艾氏剂、α-硫丹、β-硫丹、硫丹硫酸盐、异狄氏剂、异狄氏剂醛、异狄氏剂酮、甲氧滴滴涕等，测出含量为0.26～24纳克/克。2007年7月，海南洋浦湾的沉积物采集样品分析显示，OCPs总浓度为0.22～7.15纳克/克，其中六氯苯的浓度很高，检出率为100%，硫丹检出率为75%，在上层、下层的总有机氯含量中占比分别为0.83%、0.95%。2010年，有研究者将国内多条河流和近海沉积物中的硫丹残留进行比较发现，尽管急性毒性在所有沉积物取样地点相对比较低，但是以NOEC/5为基础计算的生态风险显示，在某些河流和近海相对较高，如九龙江口、岷江流域、渤海湾、惠通河和珠江口相对较高。研究还显示，河流中硫丹的检出量明显高于海洋环境。同时，研究者指出，较高的硫丹检出量也意味着较高的生态风险，建议国内研究者进行比较综合的研究，并加强限制硫丹以尽量减少生态风险。

（二）暴露与接触限值

1. 暴露与吸收

（1）吸收方式与代谢分布。

硫丹通过胃肠途径的动物吸收非常快速有效，在鼠类的研究中发现，硫丹吸收率大于90%，通过皮肤途径的吸收率为50%。在微粒体酶的作用下，硫丹在动物体内的代谢非常快，最初分解为硫丹硫酸盐和硫丹二醇，通过尿液和粪便排泄。有研究发现，硫丹分布于动物脂肪、肾脏、肝脏、心脏、脾脏、睾丸、附睾、前列腺、贮精囊、乳汁和肌肉中。雌性动物脂肪比雄性动物有更强的集聚性。有研究表明，停止摄食以后，硫丹在鼠类的身体内很快就减少了，而另一项研究则显示其半衰期约为 7 天。

（2）暴露后作用模式。

硫丹与大脑中的 γ- 氨基丁酸（GABA）受体有亲和性，并作为一种非竞争性的 GABA 拮抗剂。GABA 和受体的结合诱导氯离子被神经元摄入，硫丹会阻碍这种摄入，结果导致一种不受控制的兴奋。硫丹的人体暴露可出现严重的代谢性酸中毒、血小板减少症、血糖升高。个别患者出现横纹肌溶解，中毒后第 5 天尿中仍能检出肌红蛋白。部分皮肤接触的患者可出现皮肤瘙痒、红肿、斑疹等刺激症状。

2. 暴露风险

（1）国外研究。

硫丹在使用过程中，必然接触大量的作物、蔬菜等；同时，由于硫丹也属于持久性有机污染物，具有生物富集的特征。硫丹随着大气循环和物质循环转移至环境，如大气、土壤、水体及其沉积物中，从而在转移过程中间接进入环境中的其他生物体内。

早在 1982 年，已经有关于硫丹在野外对环境中的野生动物产生影响的文献发表。当时英国和苏格兰研究者在波斯瓦纳发现，为了消灭采采蝇（*Glossina* spp.），当地喷洒了极低浓度的硫丹（6 ～ 12 克 / 公顷），进入水体的硫丹造成当地 1% 的鱼类死亡，而那些幸存下来的鱼也出现了短时间内的生理机能失常和行为异常，而且喷洒季节对当地鱼类造成的伤害并不因为喷洒季节的结束而停止。另外一些实验研究显示，硫丹可以影响哺乳动物的生精过程。

硫丹对水生生物具有高毒性。研究表明，许多种水生生物对硫丹急性反应强烈。澳大利亚实验发现，硫丹可以影响蚤形溞（*Daphnia pulex*）对幽蚊（*Chaoborus* spp.）幼虫的防御能力，其对蚤形溞的致死剂量为 300 微克 / 升，硫丹浓度为 0.1 微克 / 升时就会导致蚤形溞胚死亡，浓度大于 0.1 微克 / 升时，蚤形溞生长速度明显减缓，浓度达到 1 毫克 / 升时，蚤形溞喉齿的发育受到抑制。葡萄牙研究人员分别使用 0.1 微克 / 克、1 微克 / 克、10 微克 / 克、25 微克 / 克、50 微克 / 克、100 微克 / 克、250 微克 / 克和 500 微克 / 克的硫丹饲喂等足动物鼠妇（*Porcellio dilatatus*）21 天，发现含有 500 微克 / 克硫丹的食物会引起鼠妇取食明显减少和消化率降低，生长速率明显下降。澳大利亚的研究人员对澳洲蛙的蝌蚪进行研究发现，将蝌蚪置于硫丹浓度为 1.3 微克 / 升的水中（该浓度为田野水体中硫丹浓度的最大值）9 天，蝌蚪的取食、生长和躲避天敌的能力均显著降低。巴西将鲤鱼（*Cyprinus carpio*）放置于二甲基亚砜为溶剂的 0.001 毫克 / 升（半致死剂量为 0.002 毫克 / 升）硫丹环境中，15 天后对鲤鱼大脑和乙酰胆碱活性、形态结构和病理组织结构及其超微结构进行研究，与对照组相比，鲤鱼的肝脏形态没有发生明显变化，但是肝重明显减小，肝小叶显微解剖发现，肝细胞失去六边形结构，细胞边界模糊，窦状隙不明显；同时还发现肝糖原和内质网消耗增加；大脑和中轴肌中的乙酰胆碱酯酶（AChE）活性明显增强。土耳其的研究者发现，使用 0.6 毫升 / 升和 1.3 微克 / 升的硫丹对彩虹鳟进行试验，其肝、脾、肾的病变并不明显，而且这种病变在恢复培养 30 天后会自行痊愈，说明该实验浓度下引起的虹鳟鱼病变是可逆的，该实验使用的硫丹浓度相对较小，因此推测，硫丹可以引起动物的病变是毋庸置疑的，而发生病变的程度与该物种本身的尺寸、发育阶段、物种对硫丹的敏感性、所接触硫丹的浓度都密切相关。

硫丹在生物体内有明显的生物富集现象。马来西亚研究者对北非胡鲇（*Clarias gariepjnus*）进行的实验表明，鲇鱼会在短时间内对硫丹进行生物富集：分别暴露于亚致死剂量的碳 14 标记硫丹中 1 小时、6 小时、12 小时、24 小时、72 小时、144 小时，分别测量肝、肠、鳃、脑、骨骼肌的硫丹残留量发现，每克干重的硫丹量 6 小时骨骼肌内 364±13 纳克；24 小时腮内 817±19 纳克，肝脏内 1 409±43 纳克；

72 小时脑内 555±19 纳克，肠内 1 147±21 纳克，说明硫丹在组织内的富集速度相当快。法国研究者曾经实验，用 0.05 毫克 / 千克药浴欧洲鳗鲡（*Anguilla anguilla*）5 小时，检测硫丹残留为 1.02 毫克 / 千克，鱼体内的硫丹是水体中的 20 倍；用 0.01 毫克 / 千克药浴欧洲鳗鲡 3 天半，检测硫丹残留为 1.26 毫克 / 千克，鱼体内的硫丹是水体的 126 倍，说明欧洲鳗鲡对硫丹有富集作用，而且富集量不容忽视。当受硫丹污染的水源作为养殖用水时，水体中的硫丹被鱼体吸附、富集，可能造成硫丹残留超标。在针对黄鳝的硫丹急性中毒研究中发现，在一定的浓度和时间内，黄鳝的行为发生异常，表现为过于兴奋，翻腾不止直至筋疲力尽而亡。

（2）国内研究。

硫丹对环境生物安全风险的评估和实验，国内做的相对比较少，主要针对作物害虫及其天敌。涉及的 4 种农药对抗性棉蚜（*Aphis gossypii*）和瓢虫（*Coccinellidae* spp.）研究结果表明，减退率硫丹＞灭多威＞甲胺磷＞三氟氯氰菊酯，说明硫丹是防治抗性棉蚜较为有效的一种杀虫剂。35% 的硫丹乳油 100 毫升 / 亩药后次日棉叶测定和观察对 6 种天敌的影响，结果表明，硫丹对瓢虫和草蛉（*Chrysopidae* spp.）成虫及幼虫、食蚜蝇（*Syrphidae* spp.）幼虫和蜘蛛等均被认为较安全。

使用硫丹后对某些作物有较强的副作用，试验发现，黄瓜苗施用硫丹后，叶片内各种叶绿素含量下降，但详细的作用机制尚不清楚。

鉴于硫丹对鱼类的高毒性，有研究通过急慢性毒性实验，分析硫丹对斑马鱼的毒性，结果显示，硫丹对斑马鱼 24 小时、48 小时、72 小时和 96 小时半致死浓度分别为 4.24 克 / 升、2.49 克 / 升、1.77 克 / 升和 1.62 克 / 升，安全浓度为 0.162 克 / 升。硫丹对斑马鱼肝脏和脑组织中超氧化物歧化酶（Superoxide dismutase, SOD）具有明显的诱导作用，在 0.185 ～ 0.740 克 / 升范围内，对乙酰胆碱酯酶具有抑制作用。

硫丹对蚯蚓存活有较强的毒性作用，14 日半致死浓度为 6.52 毫克 / 千克，95% 的置信区间为 6.03 ～ 6.99 毫克 / 千克。硫丹对蚯蚓生长有抑制作用，且生长抑制率随硫丹剂量和暴露时间的增加而增大。非致死剂量下，硫丹引起蚯蚓肠道及胃部线粒体超微结构发生病变，线粒体作为蚯蚓受损的指示要比死亡率更敏感，并且病变程度随硫丹剂量的增大而加重。

3. 暴露限制原则

（1）欧盟。

每日允许摄入量：6 微克 / 千克体重。

急性参考剂量（Acute reference dose, ARfD）：15 微克 / 千克体重。

（2）美国。

最低风险水平（急性、经口）：5 微克 /（千克 • 天）。

最低风险水平（慢性、经口）：2 微克 /（千克 • 天）。

4. 暴露途径

（1）职业接触。

2007 年，美国国家环境保护局决定，对短期和中长期接触硫丹的搅拌、装载和使用的职业暴露人员，应为其个人保护装置和工程控制进行指标性评估。美国的防护是一种可以盖住全身的衣服，包括防化学物的袜子和鞋、抗化学物的手套，在进行高空喷施时，有头部保护装置和呼吸器。职业暴露已经有结论，在西班牙进行过温室喷施硫丹的农业工人的身体中，检测出硫丹的残留和代谢。在西班牙的女性农业工人的男性后代体内也检测出硫丹残留。全球也有很多的致死和严重健康影响案例报道。

（2）非职业接触。

硫丹的非职业暴露非常常见，包含主要途径为：

环境：在法国巴黎地区发现，硫丹是一种普遍存在的空气污染物，在 79% 的家庭中，一些家庭甚至比温室中的残留水平还高。

2006 年，硫丹仍然可以在法国使用，但是仅用于一些水果和蔬菜，出现在家中，主要来自气流的飘移和受污染植物。巴黎 20% 的人群检测出硫丹残留。

容器：使用盛放过硫丹的容器贮藏水、牛奶、油等或者作为饮水管，均会导致一定数量的中毒事件发生。在贝宁，一个 8 岁儿童使用被丢弃的硫丹罐子在水渠中盛水喝而中毒死亡。

工具：受污染的工具和工作服是潜在暴露途径。贝宁有 4 个孩子死亡的原因，是雨水将放在屋顶的工作服沾有的硫丹残留冲进了饮水的容器中。

饮食：非职业的暴露经常发生在日常的食物和饮用水中。这种残留在使用硫丹的地方非常普遍，而且在一些国家成为重要的健康隐患。残留也会加重身体的负担。西班牙有报道，被硫丹污染的蔬菜与母乳中的硫丹含量呈正相关。东非发生过渔夫由于食用自己用硫丹毒死的鱼而死亡的事件。土耳其曾报道，有 2 人因食用受硫丹污染的食物引发神经病症。硫丹和硫丹代谢产物在母乳中很常见，新生儿的硫丹暴露也相当普遍。2003 年博帕尔的婴儿中，通过母乳的硫丹暴露是 WHO 所推荐最大残留限量（MRL）的 8 倍，所有母亲血液中的硫丹被认为来自日常生活中的饮食，如受到污染的鱼和蔬菜，在受检的 422 个蔬菜样本中，78.9% 的蔬菜都有硫丹残留。

烟草：硫丹用于许多国家的烟草种植中，在烟草和香烟中都有硫丹残留，吸食和嚼食使用过硫丹的烟草都会导致接触硫丹的后果。

母婴：在母亲和脐带血清中的硫丹代谢表明，硫丹可以通过胎盘屏障，胎儿会在子宫内就接触到硫丹，这可能会对孩子的身体发育和认知功能造成重大影响。2008 年在德里检查的孕妇当中，60% 的母亲血液中硫丹的残留水平为 6.9 微克 / 毫升，脐血为 5.9 微克 / 毫升，平均水平分别为 3.7 微克 / 毫升、2.27 微克 / 毫升，显示出 60% 的母婴途径的硫丹接触。

三、硫丹的环境归趋与迁移

（一）用量清单

由于长期大量使用，硫丹已经在环境中普遍存在。2010年之前环境监测得到的硫丹环境归趋数据显示，硫丹在全球许多国家和地区的大气中处于很高的浓度水平，如加拿大西部山区海拔770～2 200米的森林树木样品中、美国加利福尼亚州中部地区农业灌溉水渠沉积物中、南非洛伦索马克斯河河水中均监测到硫丹的暴露。我国的珠江、闽江、长江、澳门河、澳门港等流域沉积物、河水和海水均检测到硫丹。硫丹可作为杀虫剂和木材防腐剂使用，据报道，20世纪50年代至90年代，全球硫丹排放量约为15万吨，且一度呈增长趋势；20世纪80年代，世界年均硫丹使用量估计在1.05万吨，20世纪90年代，年均使用量约为1.28万吨。印度是硫丹消费的第一大国，1958—2002年共计使用硫丹11.3万吨，远超其他各国，其次分别为美国、巴西、澳大利亚、苏丹等，其40年间硫丹用量为1.9万～2.6万吨。

我国硫丹的生产历史始于1994年，江苏如东农药厂登记生产了硫丹原药和硫丹乳油，当时工艺仍然主要依靠进口。截至2001年，国内已有14个省（市）的34家企业登记了42个硫丹制剂品种（含原药），并有一定数量的出口。至2005年，硫丹相关登记品种（含原药）达46个，其中原药生产厂3家，国外企业4家。这些企业大都分布在东部沿海省份，以山东、江苏两省最多，3家原药生产企业全部在江苏省。

棉花是我国率先使用硫丹的作物，且年均使用频率高达3次，单位面积用量约为24.37克/亩，其次分别为茶树（3次，32.6克/亩）、烟草（2次，23.3克/亩）、苹果（3次，11.3克/亩）、小麦（1次，6克/亩）。1994—2004年，我国棉花上的硫丹使用量远高于其他作物，估计累计用量为1.5万吨，其次为小麦，为4 000吨，茶树为

3 000 吨，烟草和苹果各 2 000 吨。从地域上看，河南省是使用量最大的省，总使用量达 4 000 吨，第二是新疆维吾尔自治区，总用量为 3 200 吨，山东省、河北省和安徽省位列第三位、第四位和第五位，分别为 3 000 吨、2 100 吨和 1 900 吨。不同地级市相比，使用硫丹量最高的为河南省周口市，总用量为 780 吨；其次为河南省南阳市，为 630 吨；江苏省盐城市排第三位，总量为 610 吨；河南省商丘市为 590 吨，位列第四；第五为山东省菏泽市，总用量 587 吨。

研究显示，1994—2004 年我国硫丹使用量最高的区域主要集中在江苏省东部，河南省东部、南部和北部，山东省西部和北部，河北省南部，安徽省北部，新疆维吾尔自治区，陕西省，山西省和云南省的部分地区。

（二）环境归趋

从用量清单估算，1994—2004 年我国硫丹累计用量约 2.57 万吨，按工业品中 α- 硫丹和 β- 硫丹的比值为 7 ∶ 3 计算，这一阶段 α- 硫丹和 β- 硫丹的使用量分别为 17 990 吨和 7 710 吨。

以网格化的我国硫丹使用清单作为输入数据，应用简单农药网格化排放和残留模型（Simplified gridded pesticide emission and residue model, SGPERM）可估算获得硫丹的排放量、残留量和土壤 / 大气浓度清单。基于研究估算的硫丹排放因子主要包含喷洒使用及耕种翻地两个事件，而高排放因子区域为新疆维吾尔自治区西北部地区、河南省南部地区。

1994—2004 年的 11 年中，我国硫丹的总排放量估算值 1.08 万吨，包括 α- 硫丹 7 400 吨和 β- 硫丹 3 400 吨。1998 年因用量增加导致硫丹排放量及土壤中最高残留量都明显增加；1998 年后两项数值变化不大，年排放量大约 1 200 吨，土壤平均最高残留在 120 ～ 600 吨，最高值是最低值的 5 倍。2004 年我国 α- 硫丹的排放总量约为 900 吨，β- 硫丹为 410 吨，α- 硫丹高排放区主要集中在我国中东部地区和新疆维吾尔自治区部分地区；β硫丹主要集中在江苏省东部、河北省南部、山东省西部和北部、河南省东部和南部、安徽省北部、陕西省南部等地区。从环比动态数据看，该年我国土壤中α-硫丹残留量0.7～140吨不等，β-硫丹170～390吨不等，土壤中总残留量较高地区分布在我国中部和东部地区，包括河南省、山东省、安徽省、河北省和江苏省。综合考虑土壤残留量及使用硫丹的农作物面积可知，各地硫丹的土壤残留浓度地区分布特征与残留总量有所不同，残留浓度高的地区主要分布于云南省南部烟草种植区、甘肃省西北部和新疆维吾尔自治区西部的棉花种植区及我国中部和东部地区。2004年中，β-硫丹在我国土壤中最高残留浓度较最低值高数倍，而α-硫丹最高残留浓度则比最低值高几个数量级，表明β-硫丹较α-硫丹具有更长的半衰期，因此β-硫丹在土壤中更加稳定，滞留期更长久。

2004年我国α-硫丹大气浓度最高的地区分布在山东省、河南省、山西省、陕西省和河北省，为小麦、棉花集中种植区；β-硫丹大气浓度最高地区分布在山东省、河南省和安徽省的小麦、棉花集中种植区。α-硫丹的大气浓度值平均高于β-硫丹1个数量级，说明α-硫丹挥发性更高。考虑到硫丹的广谱性，可能在多种其他作物上使用，或当地硫丹制剂加工厂的排放等，2004年硫丹大气浓度的实际监测值较模拟值高数个数量级，如在广州市和香港特别行政区，大气中α-硫丹年均浓度监测值分别达348皮克/米^{3}和124皮克/米^3，高出预测值2个数量级。

2010年有研究表明，硫丹已成为我国表土中广泛存在的污染物质，所有（141个）土壤样品中，α-硫丹、β-硫丹和硫丹硫酸盐的检出率分别为83%、96%和91%。所有土壤样本的总硫丹浓度范围最低为低于检测限（Below the detection limit, BDL），最高为19 000皮克/克（干重计），总体几何均值为120皮克/克。农村土壤（95个样点）中总硫丹浓度最高，几何均值达160皮克/克，城市土壤（40个样点）几何均值为83皮克/克，对照背景土壤（6个样点）几何均值为 38 皮克 / 克，其中浓度最高样点为位于江苏省的农村样点，此样点正处于我国硫丹的高使用地区。研究还发现，硫丹在我国土壤中空间分布极其不均匀，说明当时我国土壤中硫丹主要来源于一次污染。硫丹被禁止使用后，其在土壤中的分布主要受二次排放影响，空间分布将趋于均匀化。从组成上看，我国土壤中 β- 硫丹浓度的算术均值为 49 皮克 / 克，远高于 α- 硫丹的 6.5 皮克 / 克，表明 α- 硫丹更易于通过土气交换过程挥发到大气中。据报道，我国大气中 α- 硫丹的浓度要远高于 β- 硫丹，通常 α- 硫丹占总硫丹的 90% 以上。2010 年我国土壤中硫丹硫酸盐浓度几何均值为 47 皮克 / 克，接近 α- 硫丹，反映出我国的硫丹使用已经有较长历史，并且进入土壤中的硫丹多数已经降解。硫丹硫酸盐较其母体化合物更具持久性和毒性，因此，硫丹硫酸盐的分布清单同样重要。经计算发现，2010 年我国土壤中硫丹硫酸盐残留浓度最高的区域为云南省南部，属烟草种植区；此外，甘肃省北部、安徽省南部、福建省北部、江苏省东部、浙江省北部、河北省南部、山东省东部、河南省东南部、新疆维吾尔自治区部分地区土壤中硫丹硫酸盐浓度较高，为我国棉花和茶树的主要种植区。

2005 年我国 92 个采样点检测发现，硫丹的大气检出率接近 100%，总硫丹浓度几何均值为 92 皮克 / 米 ^{3}，最低值 BDL，最高值 9 100 皮克 / 米 ^{3}，位于河南省。其他大气浓度较高的样点均值为 1 400 ～ 1 600 皮克 / 米 ^{3}，所在地区均为当时硫丹的高使用量地区（河南省、安徽省等）。研究进一步发现，硫丹在我国大气中的空间分布极不均匀，属典型的一次污染特征，因此，我国大气中的硫丹主要来源于附近地区的使用，而不是土壤中硫丹的排放。从组成上看，我国大气中 α- 硫丹的几何均值为 82 皮克 / 米 ^{3}，远高于 β- 硫丹的 5.1 皮克 / 米 ^{3}，与土壤中恰好相反，与之前研究大气硫丹组成时的结果一致。同时发现，α- 硫丹和 β- 硫丹的大气浓度值具有很好的相关性，因此许多关于大气中硫丹的研究只关注 α- 硫丹的大气浓度，认为其足以代表采样点情况及用于查找周围硫丹污染源。

（三）迁移模式

硫丹可随大气进行地区与国家范围内的中远距离传输，并在其他地区环境中造成较大浓度残留。如 2010 年研究发现，我国西藏自治区土壤中有较高浓度的硫丹残留，但该地区并未有过硫丹的使用或输入报道，因此推测，该地区硫丹残留是因西南季风将含硫丹大气由印度吹入我国境内，并通过大气沉降而在土壤中富集。事实上，印度大气中硫丹浓度值为 0.45 ～ 1 120 皮克 / 米 ^{3}，要高于世界其他国家和地区，且从中印边境到我国西藏自治区境内，大气中硫丹呈现由高到低的分布特征，进一步验证了这一结论。很多研究还发现，环境大气中硫丹浓度主要来自附近农田的硫丹大量使用以及大气短距离传输。北美及国内的研究均认为，硫丹的广泛使用会造成大气中硫丹浓度处于较高水平。有调查显示，硫丹因广谱性也曾被用于非登记作物，因此，进一步加大了其大气浓度。

土气交换是环境中有机氯农药研究的另一个重点，许多研究都详细报道了有机氯农药及其他一些持久性有毒物质在土壤 - 大气界面的交换规律及意义。土气交换的主要途径包括湿沉降、颗粒物形式的干沉降和气态形式的土气物质交换。气态形式的土气交换按其方向又可分为从大气沉降到土壤和由土壤挥发进入大气。干沉降、湿沉降和气态沉降使有机氯农药由大气进入土壤，而挥发则是由土壤进入大气。从我国 92 个监测点 2005 年的土气交换结果总体趋势看，α- 硫丹由大气进入土壤通量明显，而 β- 硫丹已接近平衡状态，结果与墨西哥的研究结论相似。说明在 2005 年，比起已经禁用的有机氯农药，硫丹仍在使用，且造成了我国大气中硫丹成为环境硫丹的主要来源，而土壤则是硫丹的汇；禁用之后，土壤中历史上残留的硫丹挥发将成为环境中硫丹的主要来源。从空间趋势上看，2005 年我国大部分地区环境硫丹表现出大气沉降通量；南方地区（云南省、贵州省、广西壮族自治区和海南省）、新疆维吾尔自治区部分地区主要表现为土壤向大气的挥发通量；中部与东部地区、西藏自治区和东北大部分地区则主要表现为沉降通量。

研究显示，α-HCH 在我国环境中的传播特征表现为主要来源于中部和南部地区，但是由于较低的年均温度以及受到东南亚季候风的影响，我国东北地区成为环境 α-HCH 的主要的汇。类似地，我国东北地区并不是硫丹的主要使用地，该地区 1994—2004 年 500 吨的总使用量仅占全国的 2%，而土壤监测结果显示，东北地区土壤中总硫丹浓度的几何均值为 37 皮克 / 克，约为全国的 1/3。而我国中部及东部的河北、河南、山东、江苏和安徽 5 省，硫丹总使用量占全国的 50%，本地的环境硫丹浓度都很高。这些地区硫丹随大气经东南亚季候风传入东北，并在东北地区土壤中沉积，致使东北地区土壤中形成较高的土壤硫丹浓度，由此推断，我国东北地区是环境中硫丹的一个主要汇聚地。

第三章

硫丹禁限用相关政策法规

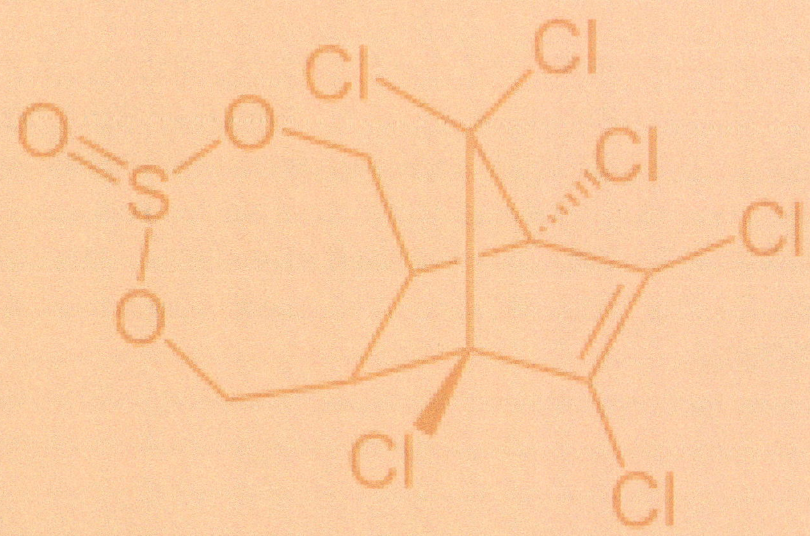

一、国际情况

21 世纪初，随着持久性有机污染物对环境的影响被越来越多的国家关注，国际社会开始着手制定关于治理持久性有机污染物的公约。2001 年 5 月 22—23 日，联合国环境规划署在瑞典斯德哥尔摩召开的外交全权代表大会上通过了《关于持久性有机污染物的斯德哥尔摩公约》（以下简称《公约》），《公约》又称《POPs 公约》或《斯德哥尔摩公约》。它是国际社会鉴于 POPs 对全人类可能造成的严重危害，为淘汰和削减持久性有机污染物的产生和排放、保护环境和人类免受持久性有机污染物的危害而共同签署的一项重要国际环境公约。《公约》的目的是首先消除 12 种（类）最危险的持久性有机污染物，支持向较安全的替代品过渡，对更多的持久性有机污染物采取行动，消除储存的持久性有机污染物和清除有持久性有机污染物的设备，协同致力于没有持久性有机污染物的未来。《公约》于 2004 年 5 月 17 日正式在全球生效。

2011 年 4 月召开的《公约》第五次缔约方大会通过《公约修正案》，决定将硫丹增补列入《公约》附件 A，予以在全球进行逐步淘汰。《公约》在正文中规定，对于有意性生产和使用产生的 POPs 排放，缔约国应当禁止和消除这些化学品的生产和使用；缔约国有义务制订计划，查明 POPs 的库存量及有关废物，并采用环境无害化方式进行管理；对于新型的农药和工业化学品，缔约国应当采取措施，对具有 POPs 特性的化学品的生产和使用进行管制；对于 POPs 的进出口仅限于特定的案例，如以环境无害处置为目的的进出口。根据《公约》正文的这些规定，对于硫丹的淘汰，各缔约国应该采取相应的管理措施。

二、国内情况

2013 年 8 月，我国正式核准通过《公约修正案》，根据《公约》要求及相关豁免条款，我国需要在未来 5 年或 10 年内停止硫丹的生产和使用。

硫丹是广谱高毒杀虫剂，过去在我国主要用于防治棉花、果树、蔬菜、烟草等作物上咀嚼式和刺吸式口器害虫，对螨类也有一定的防治效果。但硫丹具有环境持久性、生物累积性，对生态环境、人体健康均有不利影响。为保障农产品质量安全、人畜安全和环境安全，我国对硫丹等高毒农药的禁限用非常重视，在核准通过《公约修正案》之前就已经开始采取限制措施。2011 年 6 月 15 日，农业部、工业和信息化部、环境保护部、国家工商行政管理总局、国家质量监督检验检疫总局五部委发布第 1586 号公告，停止受理硫丹等 22 种高毒农药新增田间试验申请、登记申请及生产许可申请，停止批准含有上述农药的新增登记证和农药生产许可证，撤销硫丹在苹果树、茶树上的登记，禁止在苹果树、茶树上施用。但对其在棉花和烟草两类作物上的登记予以了保留，以用于棉铃虫、烟草蚜虫和烟青虫的防治。公告发布之后，我国硫丹年产量和使用量在此后几年呈下降趋势，硫丹原药和制剂的进出口量也呈下降趋势。但我国是世界上仍在生产和使用硫丹的少数国家之一，截至 2016 年 1 月，我国登记的硫丹原药与制剂生产企业有 30 余家，分布在江苏省、山东省、陕西省、河北省和新疆维吾尔自治区等全国 12 个省（自治区、直辖市），登记在有效期内的硫丹产品有 32 种，年产量超过 700 吨。实际调查表明，当时硫丹在我国烟草种植上已无使用，主要使用在棉花种植上，尤其在新疆维吾尔自治区等传统棉花种植地区，尽管在棉花病虫害防治方面存在一些技术可行的硫丹替代品和替代技术，但相应替代成本及技术推广成本都较高，完全替代硫丹对我国棉花病虫害防治会产生一定的影响。

为落实《公约》履约要求，加速硫丹的淘汰和禁用，2017 年 7 月 14 日，农业部发布第 2552 号公告，宣布自 2018 年 7 月 1 日起，撤销含硫丹产品的农药登记证，自 2019 年 3 月 26 日起，禁止含硫丹产品在农业上使用。此后，我国硫丹的生产量和使用量开始急剧下降。2019 年 3 月 4 日，生态环境部会同农业农村部、海关总署和国家市场监督管理总局等 11 个部委发布《关于禁止生产、流通、使用和进出口林丹等持久性有机污染物的公告》（生态环境部公告 2019 年第 10 号），宣布自 2019 年 3 月 26 日起，禁止硫丹的生产、流通、使用和进出口。自此，我国开始全面禁止硫丹的生产、流通、使用和进出口，各棉区对棉花病虫害的防治也全面禁止使用硫丹，开始推广硫丹替代品和相应的替代技术。

第四章

棉田硫丹替代技术

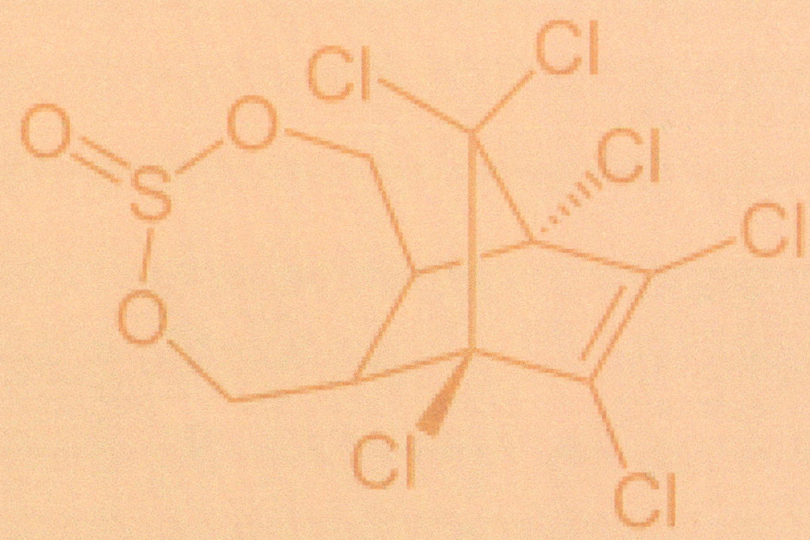

一、棉铃虫发生规律

棉铃虫 *Helicoverpa armigera*（Hübner）属鳞翅目夜蛾科实夜蛾亚科棉铃虫属，又名钻桃虫、钻心虫等，在我国各棉区均有分布。棉铃虫为杂食性害虫，除为害棉花外，还可以为害玉米、小麦、油料、蔬菜、果树、药用植物、牧草、麻类等作物。棉铃虫在棉花上直接取食营养器官，还可为害蕾、花和铃，1 头幼虫一生可为害 5 ～ 22 个蕾铃，对棉花产量影响极大。

（一）形态特征

棉铃虫成虫体长 15 ～ 20 毫米，前翅颜色变化大，雌蛾多黄褐色，雄蛾多绿褐色。外横线有深灰色宽带，带上有 7 个小白点，肾形纹和环形纹暗褐色。

棉铃虫卵直径 0.5 ～ 0.8 毫米，近半球形。初产时乳白色，近孵化时紫褐色。

棉铃虫幼虫共 6 龄，少数 5 龄或 7 龄。体长 40 ～ 45 毫米，头部黄褐色，气门线白色，体背有十几条细纵线条，各腹节上有刚毛疣 12 个，刚毛较长。体色变化多，大致分为黄白色型、黄色红斑型、灰褐色型、土黄色型、淡红色型、绿色型、黑色型、咖啡色型、绿褐色型 9 种类型。

棉铃虫蛹长 17 ～ 20 毫米，纺锤形，5 ～ 7 腹节前缘密布比体色略深的刻点，尾端有臀刺 2 根。见图 4-1。

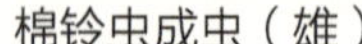

棉铃虫成虫（雄）

棉铃虫卵

棉铃虫为害蕾

棉铃虫为害铃

棉铃虫为害嫩头

棉铃虫幼虫 1

棉铃虫幼虫 2

棉铃虫蛹

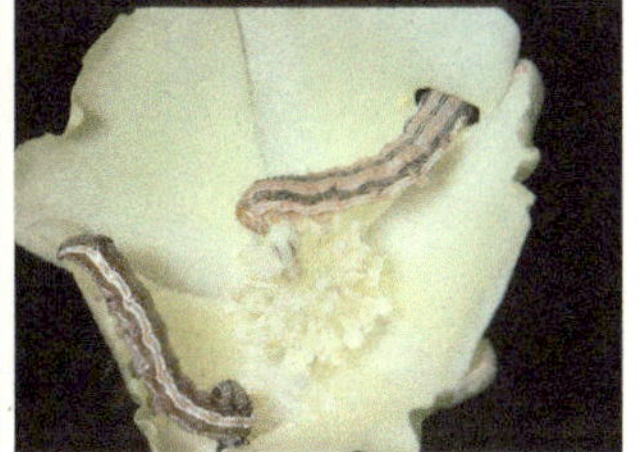
棉铃虫幼虫咬食花瓣

图 4-1　棉铃虫各虫态和危害性

（二）危害症状

为害棉株，幼虫咬食嫩叶成缺刻或孔洞。棉蕾被害蕾下部有蛀孔，直径约 5 毫米，蕾内无粪便，蕾外有粒状粪便，苞叶张开变成黄褐色，2 ～ 3 天后脱落。低龄幼虫钻入花中取食雄蕊和花柱，破坏子房，被害花往往不能结铃。青铃受害，铃基部有蛀孔，孔径粗大，近圆形，粪便堆积在蛀孔外，赤褐色。被害铃内未咬食部分的纤维和棉籽呈水渍状，最终发展成烂铃。幼虫可转株为害，受害严重的棉株蕾、铃脱落一半以上。

（三）发生规律

棉铃虫一代成虫多产卵于棉花嫩叶和生长点上，二代、三代、四代成虫多产卵于幼蕾的苞叶和果枝嫩尖上，少数产于叶背或花上。幼虫孵化后先食卵壳，随后取食未展开的小叶、嫩梢、幼蕾、花、铃等器官。一龄、二龄幼虫有吐丝下垂习性，三龄后转移为害，四龄后食量大增，取食大蕾、花和青铃。幼虫三龄前多在叶面活动为害，是施药防治的最佳时机，三龄后多钻蛀到蕾铃内部，不易防治。末龄幼虫入土化蛹，土室具有保护作用，羽化时成虫顺原道爬出土面后展翅。各虫态发育最适温度 25 ～ 28℃，相对湿度 70% ～ 90%。成虫有趋光性，对半枯萎的杨树枝把有很强的趋性。幼虫有自残习性。

棉铃虫在辽宁特早熟棉区年发生三代，西北内陆棉区三代～五代，黄河流域棉区四代，长江流域棉区四代～五代。棉铃虫以滞育蛹在 3 ～ 10 厘米深的土中越冬。黄河流域棉区 4 月中旬至 5 月上旬气温 15℃以上时开始羽化。一代在小麦或春玉米等作物上为害，二代～四代在棉花、玉米、豆类、花生、番茄等作物上为害，主要为害棉花，四代还为害高粱、向日葵和越冬苜蓿等。长江流域棉区一代幼虫主要为害小麦、豌豆、苕子、苘麻、锦葵，二代～四代幼虫为害棉花、玉米、芝麻、冬瓜等作物，五代幼虫主要为害秋玉米、高粱、向日葵、菜豆等蔬菜。新疆棉区一代棉铃虫成虫主要在胡麻、豌豆、早番茄、直播玉米上产卵，二代成虫在玉米、棉花、番茄、烟草、辣椒等作物上产卵，三代成虫在玉米、烟草、棉花、晚番茄、高粱上产卵。

二、农业防治和生态调控

（一）秋耕冬灌

棉田及玉米田在10月中下旬深翻20～25厘米，并进行冬灌，铲埂除蛹，破坏棉铃虫的越冬环境，减少越冬基数。见图4-2。

图4-2　秋季翻耕

（二）种植玉米诱集带

在棉田两边种植早熟玉米品种，保证玉米抽雄期与棉田二代棉铃虫产卵期吻合，在其幼虫孵化高峰期，适时喷药杀灭，减少棉田落卵量。种植春玉米，即在棉田中按8行：1行种植玉米，3～5米种植1穴，每穴2～3株，每亩100穴，使玉米抽雄与棉花现蕾相一致。玉米株诱集棉铃虫成虫产卵，便于及时捕蛾灭卵。在一代成虫二代幼虫卵孵化高峰期割除玉米诱集带。见图4-3。

图 4-3　种植玉米、油菜诱集带

（三）生态调控

采取推广抗病品种、优化作物布局、培育健康种苗、改善水肥管理等健康栽培措施，并结合作物间套种、天敌诱集带等生物多样性调控与自然天敌保护利用等技术，改造病虫害发生源头及滋生环境，人为增强自然控害能力和作物抗病虫能力，例如利用田边、地头、林带种植苜蓿、红花、油菜等一些招引天敌的作物，有效增加姬蜂、茧蜂、蚜茧蜂、赤眼蜂、瓢虫、草蛉等农田自然天敌的蓄积量，达到增益控害、保益灭害的目的。见图 4-4。

图 4-4　种植苜蓿带

三、天敌的保护与利用

（一）棉田自然天敌种类

天敌昆虫专门捕食或寄生害虫，是害虫的自然控制因子。在农田中，作物—害虫—天敌，构成食物链（网），是作物系统中内部存在的“自然调控”力量。而天敌的缺失，是害虫成灾的最重要原因之一。

棉田中害虫的自然天敌资源丰富。捕食性天敌主要有瓢虫类（龟纹瓢虫、异色瓢虫、多异瓢虫、菱斑巧瓢虫、十一星瓢虫等）、蜘蛛类（如草间小黑蛛、八斑球腹蛛、T纹豹蛛、三突花蛛、斑管巢蛛、侧纹蟹蛛等）、捕食蝽类（如姬猎蝽、微小花蝽、异须盲蝽、大眼蝉长蝽等）、草蛉类（如叶色草蛉、中华草蛉、丽草蛉、大草蛉等）、食蚜蝇类（如大灰食蚜蝇、黑带食蚜蝇、梯斑食蚜蝇、凹带食蚜蝇、斜斑鼓额食蚜蝇、短翅细腹食蚜蝇等）、隐翅虫类（如青翅隐翅虫）等。

棉田寄生性天敌共14个科，包括赤眼蜂、侧沟茧蜂、齿唇姬蜂、多胚跳小蜂、蚜茧蜂、寄生蝇等，以蚜茧蜂、金小蜂、柄腹金小蜂为主。见图4-5。

七星瓢虫产卵

七星瓢虫幼虫

异色瓢虫成虫

多异瓢虫成虫

大草蛉幼虫

草蛉成虫

草蛉卵

大草蛉卵

被蚜茧蜂寄生的僵蚜

图 4-5 棉田常见天敌

（二）棉田自然天敌的保护

不同地区、不同生境及不同栽培管理方式的棉田中，自然天敌种类及其优势种群有所不同，其发生动态和控害作用也存在差异。一般情况下，自然天敌对其猎物（寄主）往往有追随滞后现象，不能够达到完全控制害虫的效果。创造有利于天敌栖息增殖的环境条件，避免滥用化学农药等对天敌种群的伤害，才能充分发挥其对害虫的控制作用。主要的保护利用措施有以下几种。

（1）合理保护利用棉田周边植物（防护林带、杂草地带等），辅助天敌越冬越夏等，为天敌提供适宜的栖息场所和条件。

（2）在棉田内配置并管理天敌功能植物，如棉麦间作、玉米诱集带、苜蓿涵养带、蜜源植物带等，增加植物多样性，促生增殖天敌昆虫。

（3）放宽次要害虫的防治指标，为田间天敌提供早期寄主或过渡寄主，维持和积累田间天敌的种群数量，控制主要害虫的暴发危害。

（4）根据棉田害虫及其天敌的发生消长情况，确定害虫防治适宜期及方式。田间益害比在 1 ∶ 40 以上时或棉花生长早期，尽量不采取化学防治措施。

（5）选择最佳施药时期、施药方法和用药量。需要采取药剂防治时，应选用对天敌影响较小的高效、低毒、低残留农药及有效低剂量，并采用对天敌比较安全的施药方法，如土壤施药、涂茎、点心、毒土等，尽量局部用药，挑治重点田块及点片发生区 。

（6）慎用杀虫灯、黏虫板等对天敌影响较大的防治方法。

（三）人工释放螟黄赤眼蜂防治棉铃虫

赤眼蜂是卵寄生蜂，只有在害虫卵期时释放才能取到防治效果。因此，准确、详细掌握靶标害虫成虫的发生时期、产卵习性、落卵数量及规律是非常重要的。另外，由于赤眼蜂具有扩散能力，且易受农药等环境条件影响，大面积连片释放控害效果更好。

1. 释放技术

（1）放蜂时间。

从棉田或番茄田一代棉铃虫蛾期开始，每代蛾始盛期第一次放蜂，或田间棉铃虫卵量达到 2 ～ 5 粒 / 百株时放蜂。干燥、高温地区，应选择傍晚时放蜂，潮湿地区适宜上午放蜂。

（2）放蜂量。

每亩每次放蜂 1 万头左右，间隔 3 ～ 4 天后第二次放蜂，每代共放蜂 3 次。也可根据田间棉铃虫落卵情况调整释放数量。

（3）释放密度。

每亩均匀设 5 ～ 8 个放蜂点。高温、干旱条件下，应增加放蜂密度；潮湿、气候较凉爽的棉区，可适当减少放蜂点。

（4）释放方法。

将赤眼蜂卡分成小片，每片约 1 500 ～ 2 000 头蜂。用棉花（番茄）植株的中部叶片反卷包住蜂卡，或附着在其他叶片背面，避免放置于叶片表面暴露在阳光下。也可以直接在田间抛撒赤眼蜂包装球，一般每亩次释放 5 个，每球约有 2 000 头赤眼蜂。

（5）运输。

赤眼蜂卡在运输过程中，严禁阳光直射，与农药隔离。最好采用特制的低温运输车辆，湿度 50% 以上，温度控制在 4℃左右。

（6）保存。

赤眼蜂卡如果短时间存放，幼虫期在 2 ～ 4℃下冷藏，一般 30

天以内对其生长发育没有影响；蛹后期（释放前）5 ～ 7 ℃下冷藏 7 天以内。

2. 影响因素

（1）赤眼蜂蜂种及种群。

研究表明，螟黄赤眼蜂是寄生棉铃虫卵的优势赤眼蜂，但不同的地理种群对不同生境寄主的寄生能力也不同，蜂种及种群的选择是决定生防效果好坏的重要因子。

（2）气候因子。

赤眼蜂最适温度为 20 ～ 29℃，相对湿度在 70% ～ 85%。放蜂后如遇较大风雨，易将蜂卡冲刮掉，并影响赤眼蜂正常飞行寻找害虫卵寄生，放蜂宜选择无雨、无大风天气，有利于赤眼蜂的羽化和寄生。

（3）农药。

赤眼蜂对大多数化学农药非常敏感，如在放蜂期间施药，会大量杀死赤眼蜂，失去对害虫的控制作用。生产上，需要协调赤眼蜂与化学农药之间的矛盾，尽量选择生物农药或毒性较小的化学农药，选择对赤眼蜂影响较小的放药时期和施药方法。

3. 放蜂效果调查

（1）蜂卡羽化率调查。

每批蜂卡释放时，在室内和田间分别进行蜂卡羽化率调查。室内随机留下 3 ～ 5 小块蜂卡，待其羽化完毕；田间标记 3 ～ 5 片释放的蜂卡或随机抽取羽化完的蜂卡，调查有羽化孔的寄生卵数、寄生卵总数，计算羽化率。

羽化率（%）＝有羽化孔的寄生卵数 / 寄生卵总数 ×100

（2）棉铃虫卵寄生率调查。

每次放蜂后第 5 天，分别在放蜂田、农民自防田和不防治对照田，随机 5 点取样，每点采集棉铃虫卵 200 粒左右，带回室内培养皿内培养观察，记录总卵粒数、被寄生卵粒数、孵化幼虫数（卵壳数），计算每次放蜂的寄生率和校正寄生率（%）。

寄生率（%）＝被寄生卵粒数 / 总卵粒数 ×100

校正寄生率（%）＝放蜂区寄生率 /（1 －对照区寄生率）

（3）棉铃虫种群动态调查。

各处理田从棉铃虫蛾始盛期开始，每 2 ～ 3 天调查 1 次田间落卵量。每处理区随机 5 点取样，每点单行查 20 株棉花（番茄），共查 100 株，记录总株数、落卵量（查后将卵抹掉）、幼虫量。

（4）植株被害情况调查。

各处理田分别于每代棉铃虫幼虫为害稳定后，棋盘式 5 点取样，每点单行调查 20 株，共查 100 株，记录总株数、被害株数。见图 4-6。

可降解赤眼蜂球形释放器

赤眼蜂圆锥形释放器

螟黄赤眼蜂（雄）

螟黄赤眼蜂（雌）

图 4-6 螟黄赤眼蜂和释放器

四、昆虫性信息素技术

鳞翅目昆虫成虫羽化、性成熟后，在其特定的年龄和时间，雌蛾释放一种挥发性的气味，引诱同种异性个体前来交尾，这种气味就是性信息素，雄蛾触角检测到气流扩散的信息素分子，启动并依气味团的定向飞行，沿着气味轨迹找到释放源的雌蛾实现交配。仿生自然界中的这一现象，有机合成昆虫性信息素，配制成混合物，通过缓释材料（诱芯）稳定、均匀地在田间释放，引诱相对应的雄蛾至诱捕器内，利用诱捕器的物理构造，使靶标雄蛾进入后无法逃逸，从而困死在诱捕器中，这种防治方法被称为群集诱杀法。群集诱杀的主要特点：①昆虫性信息素具有种的专一性，只引诱靶标害虫，不杀伤田间自然天敌和有益生物；②用量微，每个诱芯中有效成分含量为毫克级，但可在田间持续释放几个月，信息素物质不直接接触作物，对农产品和环境无污染；③诱杀的成虫为初羽化、未交配的雄蛾，可显著降低成虫交配率，控制了下一代的虫口密度；④兼容性，可以与其他防治技术协调使用，如释放天敌、生物农药、农艺措施、化学农药等；⑤性信息素群集诱杀可减少喷施化学农药，保护了田间天敌种群，寄生蜂、食蚜蝇、瓢虫、草蛉类等自然天敌种群对其他次要害虫（如棉蚜、盲蝽等）可发挥间接防控效果。

性诱技术组件包括诱芯（也称挥散芯）、诱捕器和杆子。性诱剂质量标准：①诱芯引诱靶标害虫的引诱力和专一性，即诱蛾量、诱到的是否为靶标害虫；②诱芯在田间持续引诱靶标害虫的时间长短，即持效期；③诱捕器的诱蛾效率，进去的多，逃逸的少；④诱捕器的塑料材质应为新料，用回料制成的诱捕器不仅有异味，影响诱捕效率，而且太阳暴晒下易老化、破损。

棉田主要鳞翅目害虫如棉铃虫、斜纹夜蛾、甜菜夜蛾、小地老虎等均有成熟的性诱技术和产品，并在各棉区有良好的防治效果和多年的应用经验。见图 4-7。

树脂诱芯

PVC 毛细管灌液诱芯

固体凝胶诱芯

图 4-7 三种不同类型的性信息素长持效诱芯

（一）棉铃虫［*Heliothis armigera*(*Helicoverpa armigera*)］

1. 诱芯

树脂诱芯或固体凝胶诱芯，持效期 3 ～ 6 个月（图 4-7）。保存条件：短时间或长期保存时需在冰箱中冷冻，使用效果不显著降低。

2. 诱捕器

采用新型干式飞蛾诱捕器效果最好（图 4-8），成本低、诱捕效率高，操作简单，维护成本低。每季成虫历期结束后，收回诱捕器，洗净，避光存放。新料制成的诱捕器如果保管得当，可以连续使用 3 ～ 5 年。传统方法采用自制水盆（可加盖子），用铁丝将诱芯吊放在水面上 1 ～ 2 厘米处，水中加一点洗衣粉，也可以达到较好的诱蛾效果。但需经常不断加水，尽可能保持水面距诱芯 1 ～ 2 厘米，维护用工多。铁丝网做成的网笼，成本比较高。注意：不可采用夜蛾类诱捕器。

新型干式飞蛾诱捕器

夜蛾类诱捕器

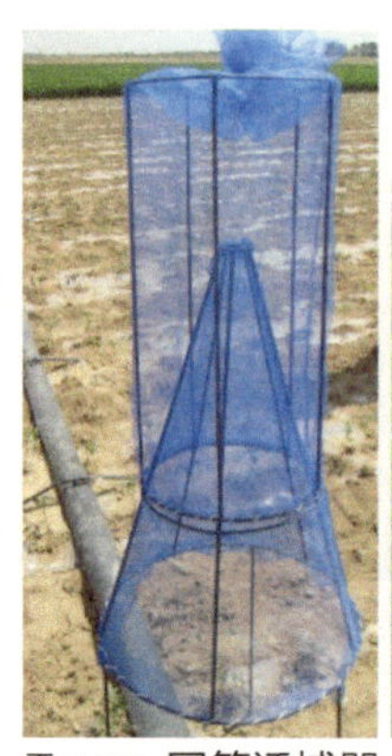

Texas 网笼诱捕器

水盆诱捕器

图 4-8 不同类型和结构的诱捕器

3. 田间应用方法

（1）设置田块：棉铃虫寄主植物范围较广，烟草、玉米、高粱、花生、番茄等均为其理想寄主，这些寄主作物田也是棉田的虫源田。当棉田设置性诱剂时，应同时考虑周边的作物分布，在这些寄主作物田同时设置性诱剂，才能获得更好的防控效果。

（2）使用时间：性诱诱捕的为性成熟的雄蛾，诱捕器的挂放时间须在成虫羽化之前。越冬代雄蛾交配活动比较活跃，飞行距离远，性诱越冬代雄蛾的诱杀效率最高，对一代的控制效果也最为理想。因此，棉铃虫的性诱最理想的使用时间为越冬代羽化之前（图 4-9）。在新疆维吾尔自治区北疆棉区，可在 4 月中下旬开始使用，南疆棉区则更早。

（3）设置密度：棉铃虫成虫飞翔能力较强，诱捕器间距不可过近，一般为 25 ～ 35 米。当防治面积为 50 ～ 1 000 亩时，平均每亩 1 套诱捕器和 1 枚诱芯。面积 1 000 亩以上连片使用时，可适当减少诱捕器数量，平均 3 亩 2 套诱捕器，采用外密内松方式设置。性信息素是挥发性的气味，需要依赖气流和微风扩散。因此，诱捕器应该挂放在防治区域的上风口位置，空敞、有利于气流扩散的地方比较理想。

（4）诱捕器设置方法：田间设置时，诱捕器进虫口高度距地面 1 ～ 1.5 米，当棉花中后期植株较高时，诱捕器底口高于植株冠层 10 ～ 20 厘米。诱芯和诱捕器要严格按照产品使用说明书操作，1 个诱捕器内安装 1 枚诱芯，诱芯置于诱捕器倒漏斗装置的下部。如诱芯放错位置、诱捕器颠倒、高度过高或过低均会显著影响诱捕效果，甚至诱集不到成虫。

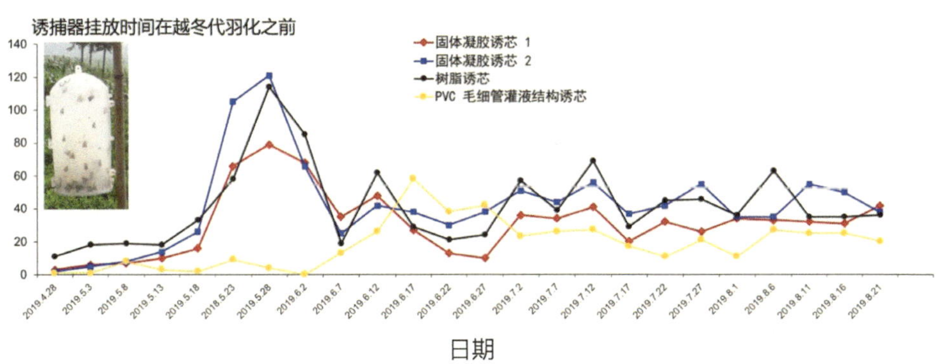

采用长持效诱芯（4 ～ 6 个月）持续诱杀多个世代，降低虫口基数

图 4-9　棉铃虫的年发生动态及其诱捕器挂放时间

（二）斜纹夜蛾（*Spodoptera litura* Fabricius）

1. 诱芯

PVC 毛细管灌液结构诱芯或固体凝胶诱芯。PVC 毛细管灌液结构诱芯持效期 2 ～ 3 个月，固体凝胶诱芯持效期 6 个月。

2. 诱捕器

采用夜蛾类诱捕器效果最好，进虫口选择中号。也可使用新型干式飞蛾诱捕器。自制水盆、矿泉水瓶效果较差，不宜使用。

3. 田间应用方法

（1）设置田块：斜纹夜蛾寄主植物范围广泛，水生莲藕、烟草、玉米、高粱、花生、大豆、叶菜类、一些果树等都是其理想的寄主，这些寄主作物田也是棉田斜纹夜蛾的虫源地，性诱剂设置时要考虑周边的作物分布，在这些寄主作物种植区同时设置性诱剂。

（2）使用时间：斜纹夜蛾越冬代成虫羽化之前开始使用，至末代成虫发生期结束，全季斜纹夜蛾发生期持续应用。

（3）设置密度：斜纹夜蛾成虫飞翔能力较强，诱捕器之间的距离不可过近，以间距25～35米为宜。平均每亩1套诱捕器和1枚诱芯。连片大面积使用时，可以适当减少诱捕器的数量。

（4）诱捕器设置高度：棉花苗期，诱捕器底端距地面1～1.5米，棉花中后期植株较高时，诱捕器底端于棉花冠层上10～20厘米为宜。

（三）甜菜夜蛾（*Spodoptera exigua* Hübner）

1. 诱芯

PVC毛细管灌液结构诱芯，持效期2～3个月。应用前短期保存应在冰箱中冷冻。

2. 诱捕器

采用夜蛾类诱捕器，进虫口选择小号（图4-10）。

3. 田间应用方法

（1）设置田块：甜菜夜蛾的寄主植物较多，烟草、玉米、花生、叶菜类等都是其寄主植物，这些寄主作物田也是棉田的虫源田。性诱剂设置时要同时考虑周边作物分布，在这些寄主作物种植区同时应用。

（2）使用时间：甜菜夜蛾越冬区从越冬代成虫羽化之前开始设置，迁入区从迁入代成虫始见期开始。

（3）设置密度：甜菜夜蛾成虫飞翔能力较强，诱捕器间距不可过近，一般以25～35米为宜。当棉田面积在50～1 000亩时，平均每亩1套诱捕器和1枚诱芯。超过1 000亩连片大面积使用时，可适当减少诱捕器数量至3亩2套。

（4）诱捕器设置高度：当棉花苗期植株较矮时，诱捕器底端距地面1～1.5米为宜，棉花中后期植株较高时，诱捕器底端于植株冠层上10～20厘米。

棉铃虫

斜纹夜蛾

甜菜夜蛾

小地老虎

图 4-10　棉田棉铃虫、斜纹夜蛾、甜菜夜蛾、小地老虎性信息素群集诱杀

（四）小地老虎（*Agrotis ipsilon* Hufnagel）

1. 诱芯

树脂诱芯，持效期 2 个月。应用前短期保存应在冰箱中冷冻。

2. 诱捕器

夜蛾类诱捕器，进虫口为大号。

3. 田间应用方法

（1）设置田块：小地老虎寄主植物范围较广，烟草、玉米、高粱、花生、番茄等均为其寄主，这些寄主作物田也是棉田的虫源田。应用性诱剂时要同时考虑周边作物分布，在这些寄主作物种植区同时设置性诱剂。

（2）使用时间：小地老虎越冬区从越冬代成虫羽化之前或早春

开始设置，迁入区从迁入代成虫始见期开始，每2个月更换1次诱芯。

（3）设置密度：小地老虎是迁飞性害虫，成虫飞翔能力强，诱捕器之间的距离不可过近，以25～35米为宜。

（4）诱捕器设置高度：诱捕器底端距地面1～1.5米为宜，并随棉株生长适当调整高度。

五、棉铃虫生物食诱剂

利用棉铃虫成虫完成生殖发育、繁殖、迁飞时需要补充能量的习性，采用植物挥发物引诱棉铃虫成虫取食，并利用加入的杀虫剂，将诱来的成虫杀死，达到防治棉铃虫的目的。

（一）使用时间

各棉区根据当地棉铃虫监测结果，在棉铃虫成虫高峰期前1～2天使用，每代使用1～2次。施药时间以16：00之后为宜。

（二）用量和配制方法

食诱剂用量为棉花苗期66.7毫升/亩，蕾期至吐絮期100～133毫升/亩。将棉铃虫生物食诱剂按1：1比例兑水稀释后施用。棉铃虫生物食诱剂不含杀虫剂，稀释过程中，每升食诱剂加入有效成分含量不低于1克的胃毒型杀虫剂（氯虫苯甲酰胺等），混合均匀。

（三）施用方法

1. 人工滴洒

将配制好的药液直接滴洒在棉株上，每间隔40～50米顺棉行滴洒1行，长度约10米。见图4-11。

2. 诱捕盒法

在田间设置专用诱捕箱，将50～100毫升配制好的药液均匀平铺在诱捕箱内。每亩1～3个均匀设置，高度以高出棉株冠层0.2～0.5

米为宜。见图 4-12。

食诱剂滴洒效果图

田间滴洒食诱剂

图 4-11　人工滴洒法

图 4-12　诱捕盒

3. 飞机喷洒

大面积棉田施用时，可使用无人机或其他飞行器条带滴洒。每个条带长约 10 米，条带间距 40 ～ 50 米，可通过地面配备的卫星地图对作业区进行航线规划，利用飞行器自带的飞控系统控制飞行速度和滴洒时间。

（四）注意事项

棉铃虫生物食诱剂适合大面积连片使用，面积越大防效越好。食诱剂可常温保存，开封后应尽快使用，现用现配，与杀虫剂混配后应该在 6 ～ 8 小时内用完。食诱剂滴洒后，如遇雨水冲刷，应补施 1 次。避免棉花花铃期使用，棉田中强烈的花香气味可能影响食诱剂的诱集效果。苗期施用时避免滴洒在棉花生长点上。

六、药剂防治

棉田防治棉铃虫应实行达标防治，棉铃虫防治指标为：转基因棉百株低龄幼虫（1 ～ 3 龄）10 头，非转基因棉百株累计卵量 100 粒。农药品种应优先选择生物农药，严格按照农药使用准则，轮换交替用药。

（一）生物农药

1. 棉铃虫核型多角体病毒

（1）使用方法：于棉铃虫卵始盛期，采用 10 亿 PIB/ 克棉铃虫核型多角体病毒可湿性粉剂 80 ～ 150 克 / 亩，或者 600 亿 PIB/ 克棉铃虫核型多角体病毒水分散粒剂 2 ～ 4 克 / 亩进行叶面喷雾。

（2）注意事项：①病毒制剂的最佳施药期为棉铃虫卵始盛期，田间可掌握“见卵即施药”；②病毒制剂为胃毒剂，喷药时应尽量使雾滴均匀地分布在蕾、花、幼铃、顶尖、嫩叶等棉铃虫喜食部位；③ NPV 对紫外线敏感，应尽量避开当日紫外线最强时段施药。

2. 甘蓝夜蛾核型多角体病毒

（1）使用方法：于棉铃虫卵始盛期，采用 20 亿 PIB/ 克甘蓝夜蛾核型多角体病毒悬浮剂 50 ～ 60 毫升 / 亩进行叶面喷雾。

（2）注意事项：同棉铃虫核型多角体病毒。

3. 苏云金杆菌

（1）使用方法：棉铃虫卵孵化高峰期至低龄幼虫期，采用 16 000IU/毫克苏云金杆菌可湿性粉剂 100 ～ 150 克/亩，或 32 000IU/毫克苏云金杆菌可湿性粉剂 50 ～ 75 克/亩进行叶面喷雾。

（2）注意事项：①苏云金杆菌对温湿度有较高要求，适宜温度在 25℃以上，湿度越大越好；②苏云金杆菌对紫外线敏感，施药时间避开当日紫外线最强时段；③苏云金杆菌对家蚕高毒，蚕室、桑园及其附近禁用；④转基因棉禁止使用苏云金杆菌。

4. 短稳杆菌

（1）使用方法：棉铃虫卵高峰期至卵孵初期，采用 100 亿孢子/毫升短稳杆菌悬浮剂 800 ～ 1 000 倍液进行叶面喷雾。

（2）注意事项：①施药避开当日紫外线最强时段；②不得与防治细菌性病害的农药混用；③短稳杆菌对家蚕高毒，蚕室、桑园及其附近禁用，对蜜蜂中等毒性，花期慎用。

5. 印楝素

（1）使用方法：棉铃虫卵孵化盛期，采用 0.3% 印楝素乳油 60 ～ 100 毫升/亩进行叶面喷雾，可同时兼治棉蚜和棉叶螨。

（2）注意事项：印楝素不可与碱性农药、碱性肥料和碱性水混合使用。

6. 甲氨基阿维菌素苯甲酸盐

使用方法：棉铃虫低龄幼虫高峰期，采用 5.7% 甲氨基阿维菌素苯甲酸盐可溶粒剂 13 ～ 26 克/亩进行喷雾防治。

7. 多杀霉素（多杀菌素）

（1）使用方法：棉铃虫低龄幼虫期，采用 48% 多杀霉素悬浮剂 4.2 ～ 5.5 毫升/亩进行叶面喷雾，连续用药 2 ～ 3 次，间隔 7 天。

（2）注意事项：多杀霉素对家蚕有毒，对蜜蜂、鱼、水生生物高毒。

8. 阿维菌素

（1）使用方法：棉铃虫低龄幼虫期，采用 1.8% 阿维菌素乳油 80 ～ 120 毫升 / 亩进行叶面喷雾，可同时兼治棉叶螨。

（2）注意事项：阿维菌素对蜜蜂有毒，对鱼、蚕高毒。

（二）高效环境友好型化学农药

1. 甲氧虫酰肼

使用方法：棉铃虫低龄幼虫高峰期，采用 24% 甲氧虫酰肼悬浮剂 18.5 毫升 / 亩，兑水 45 千克。

2. 氟铃脲

（1）使用方法：氟铃脲为昆虫生长抑制剂，可以抑制几丁质合成，阻碍昆虫正常蜕皮生长，具有胃毒、触杀、拒食作用。棉铃虫低龄幼虫高峰期，采用 5% 氟铃脲乳油 100 ～ 160 毫升 / 亩进行叶面喷雾防治。

（2）注意事项：①每季作物最多使用 3 次，安全间隔期为 7 天。②施药时不要污染桑园、鱼塘及相关水源。

3. 氯虫苯甲酰胺

（1）使用方法：棉铃虫卵孵化高峰期至低龄幼虫期，采用 20% 氯虫苯甲酰胺悬浮剂 3 000 ～ 5 000 倍液进行叶面喷雾。

（2）注意事项：避免在临近桑园的棉田使用。

4. 阿维 · 氯苯酰

（1）使用方法：棉铃虫低龄幼虫期，采用 6% 阿维 · 氯苯甲酰悬浮剂 30 ～ 50 毫升 / 亩进行叶面喷雾。

（2）注意事项：①对家蚕有毒，对蜜蜂、鱼、水生生物高毒。②施药地块禁止放牧或畜禽进入。

5. 甲维 · 虱螨脲

使用方法：棉铃虫卵孵盛期至低龄幼虫高峰期，采用 45% 甲维 · 虱螨脲水分散粒剂 5 ～ 10 克 / 亩，兑水 30 ～ 60 升，叶面喷雾。

第五章

棉花病虫害
绿色防控技术模式

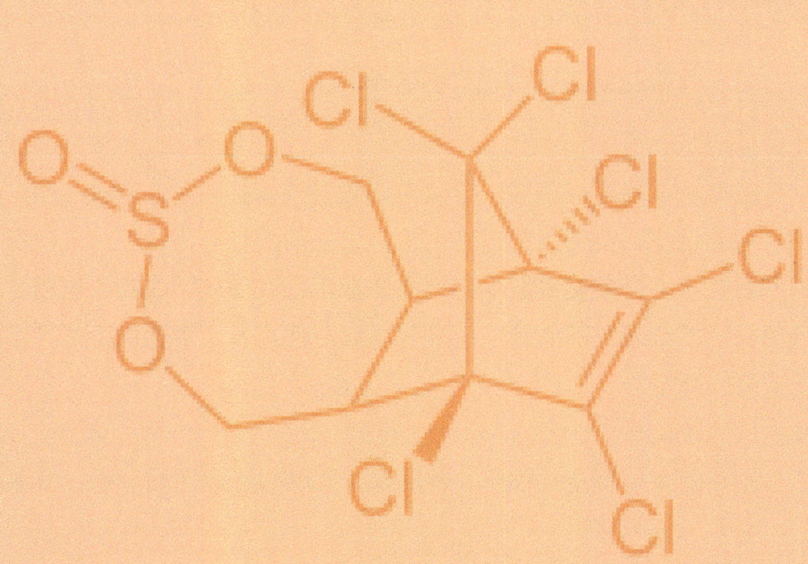

一、黄河流域棉区

（一）植棉概况

黄河流域棉区包括河北棉区、山东棉区、河南棉区、天津棉区、山西棉区和陕西棉区，种植面积逐年呈下降趋势，以春播地膜棉为主，少量夏播棉。大部分棉区以纯作为主，鲁西南棉区以套种为主，转基因抗虫棉占绝大多数。

（二）病虫害发生和防治概况

黄河流域棉区棉花病虫害种类较多，常年发生的有近 40 种，其中发生面积大、危害重的主要有棉蚜、棉铃虫、棉叶螨、棉盲蝽、棉蓟马、枯萎病、黄萎病、苗病、铃病、红叶茎枯病等。总体上虫害略重于病害，区域间差异较大。

该棉区棉花病虫害的防治应以种植抗（耐）病虫品种、农业防治、保护利用自然天敌、性信息素和物理防治为主要措施，协调应用高效、低毒、环境友好型化学农药控制危害，病虫危害损失率总体控制在 8% 以内。

（三）棉花病虫害绿色防控技术模式

1. 防控策略

黄河流域棉区棉花病虫害防控要注重种植抗（耐）病虫品种、种子包衣处理、苗期预防措施，推广生态调控、理化诱控、天敌保护利用技术，合理使用微生物和高效低毒低残留化学农药，应用高效植保机械合理精准施药，减少化学农药使用量，增强棉田的持续和安全控害能力。

2. 防控重点

重点防控棉盲蝽、棉蚜、棉叶螨、棉铃虫，预防枯萎病、黄萎病、苗病、铃病、红叶茎枯病，局部做好地下害虫、棉蓟马、象鼻虫、细菌性角斑病的防治。

播种期至苗期：重点预防苗病、枯萎病、黄萎病、棉蚜、棉叶螨、棉盲蝽、棉蓟马和地下害虫等。

蕾期：主要防治棉盲蝽、棉铃虫、棉叶螨、枯萎病、黄萎病、红叶茎枯病等。

花铃期：主要防治棉蚜、棉叶螨、棉铃虫、棉盲蝽、斜纹夜蛾、烟粉虱、铃病等。

3. 主要技术措施

（1）生态调控和农艺措施。

深松耕、配方施肥、合理密植、足墒播种。及时清除棉田、田埂和路边杂草，减少棉盲蝽、棉蓟马、棉叶螨虫口基数；棉田周边田埂可种植油菜等作物或波斯菊等显花植物，引诱、培育和涵养天敌，增强天敌对棉蚜、棉铃虫、棉叶螨的控制能力。棉花可与冬小麦间作，麦田可大量驻留天敌，麦收后秸秆在田间堆放 2 ～ 3 天，天敌转移到棉田，控制棉蚜、棉蓟马等苗期害虫。

选用抗枯萎病、耐黄萎病和抗虫品种。利用地膜覆盖技术，起到保温增温、保墒提墒、稳定土壤结构的作用。根据苗期病虫发生特点，可选择使用甲基立枯磷、戊唑醇拌种防治苗病，选择啶虫脒、吡虫啉拌种可防治苗蚜，或选择专用种衣剂包衣。购买的包衣种子可根据当地苗期病虫害防治需要进行再包衣。

蕾期及时整枝，中耕除草，结合整枝打叉抹芽采摘棉铃虫卵、幼虫带出田外。雨水多时，注意清沟沥水，降低土壤湿度，根据棉株长势适时喷施甲哌嗡控制旺长。现蕾后喷施钾肥，并根据土壤养分情况配合喷施硼肥和锌肥，预防和控制红叶茎枯病。

铃期及时去空枝、打老叶，摘除烂铃和斜纹夜蛾卵块并带出田外深埋处理，改善通风透光条件，降低田间湿度和郁闭度，减少田间病虫基数。同时，应避免偏多、偏迟施用氮肥，防止棉花贪青徒长。

（2）昆虫信息素诱杀。

性诱剂诱杀害虫：在棉铃虫、斜纹夜蛾、绿盲蝽等害虫成虫发生期利用昆虫性信息素诱杀，棉铃虫采用干式飞蛾诱捕器，斜纹夜蛾采用夜蛾类诱捕器，绿盲蝽采用绿盲蝽诱捕器。昆虫性信息素诱芯均为专一性，平均每亩设置1套诱捕器和诱芯，大面积连片使用，可有效诱杀靶标害虫雄虫，降低种群数量，减轻田间危害。

食诱剂诱杀害虫：于棉铃虫主害代成虫羽化前1～2天，连片施用生物食诱剂，以条带方式每隔50～80米于1行棉株顶部叶面均匀滴洒施药，可诱杀成虫。

（3）生物防治。

保护利用天敌控害：推迟灭茬，小麦收获后秸秆在田间堆放2～3天，使天敌充分向棉株转移，保益控害。棉花生长前期注重保护利用棉田自然天敌，充分发挥天敌控害作用。当棉田天敌单位（以1头七星瓢虫、2头蜘蛛、2头蚜狮、4头食蚜蝇、120头蚜茧蜂为1个天敌单位）与蚜虫种群量比高于1 ∶ 120时，不施药防治蚜虫，苗期至蕾期棉蚜轻发时不施用化学农药防治。

人工释放赤眼蜂：于棉铃虫成虫始盛期人工释放卵寄生蜂螟黄赤眼蜂或松毛虫赤眼蜂，放蜂量每次10 000头/亩，每代放蜂2～3次，间隔3～5天，可有效降低棉铃虫幼虫量。

（4）生物农药。

使用氨基寡糖素、枯草芽孢杆菌、解淀粉芽孢杆菌预防或防治枯（黄）萎病；烟碱、苦参碱防治蚜虫；阿维菌素防治棉叶螨；甘蓝夜蛾核型多角体病毒、棉铃虫核型多角体病毒、短稳杆菌、多杀霉素、印楝素防治棉铃虫；斜纹夜蛾核型多角体病毒、球孢白僵菌防治斜纹夜蛾；印楝素防治棉蓟马等。

（5）合理安全用药。

害虫低龄幼（若）虫期或虫量达到防治指标时、病害在发病初期，选用高效、低毒、低残留农药进行防治，注意交替轮换用药。

苗病：发病初期及时防治，遇低温阴雨天气及时喷施枯草芽孢杆菌等药剂控制。

枯萎病和黄萎病：发病前或初见病时，选用枯草芽孢杆菌等药剂叶面喷施与喷淋灌根相结合，连续用药 2 ～ 3 次，间隔 10 天。

铃病：铃病常发区，以花蕾和幼铃为重点适期喷药预防，发病前或初见病时喷药。雨前预防，雨后及时喷药可控制铃病的发生。可选用嘧菌酯、代森锰锌等药剂进行防治。

棉蚜：3 片真叶前，当蚜量较大、卷叶株率达 5% ～ 10% 时，或 4 片真叶后卷叶株率 10% ～ 20% 时，可进行药剂点片挑治。药剂选用烯啶虫胺、噻虫嗪、藜芦碱等进行防治。

棉叶螨：当棉田螨株率低于 15% 时挑治中心株，超过 15% 时进行全田统一防治，可选用丁醚脲、联苯菊酯、苦参碱、阿维菌素、阿维菌素·哒螨灵复配剂等药剂防治。

棉蓟马：百株有虫 15 ～ 30 头或 3 片真叶前百株有虫 10 头、4 片真叶后百株有虫 20 ～ 30 头时，可选用啶虫脒、吡虫啉、阿维菌素等药剂进行防治。

棉铃虫：棉铃虫成虫始盛期人工释放卵寄生蜂螟黄赤眼蜂或松毛虫赤眼蜂，当棉铃虫百株低龄幼虫达 10 头时进行药剂防治，优先选用棉铃虫核型多角体病毒、苏云金杆菌（抗虫棉田禁用）、甘蓝夜蛾核型多角体病毒、茚虫威等生物农药。

二、长江流域棉区

（一）植棉概况

长江流域棉区地处中亚热带和北亚热带湿润季风气候区，在秦岭—淮河以南至南岭，西起川西高原东麓，东到海滨，主要包括湖北、安徽、湖南、江西、江苏、浙江、四川等省。与黄河流域棉区和西北内陆棉区相比，该棉区光照充足、热量丰富、水热同步，能满足棉花生产的水热需要。长江流域棉区曾为我国第二大棉区，棉花单产最高、提供商品棉最多，植棉面积约占全国的 44%，总产约占全国的 53%。近年来，由于该区域社会经济条件、市场、种植制度和生产方式发生了较大的变化，以及病虫害危害加重，导致棉花生产成本上升，效益下降，植棉面积不断减少。

长江流域棉花一般于 4 月上中旬播种，11 月中下旬收花结束，全生育期 210 ～ 230 天，以油棉套作、麦棉套作等套作多熟制为主，秋季在棉花行间套播或套栽油菜，春季在油菜行间套播棉花。麦（油）套棉、麦（油）后移栽棉的棉花品种多为转基因抗虫杂交棉，种植密度一般在 1 500 ～ 1 800 株 / 亩，生育期偏长，生长势一般较旺，栽培技术要求高。

（二）病虫害发生和防治概况

长江流域棉区受自然生态条件影响，雨量充沛、无霜期长、热量充足、土壤肥沃，有利棉花的生长，但同时病虫发生危害偏多、偏重。20 世纪 90 年代后期以来，转基因抗虫棉推广种植后，棉铃虫发生危害短期内有所缓解，但棉盲蝽、棉叶螨等次要害虫逐年上升为主要害虫，其他常发性病虫害仍比较严重。春末夏初梅雨、洪涝、台风，秋季经常出现连旱或连阴雨，以及夏季高温、高湿等不利天气因素，导致该区域棉花病虫危害加重。棉田主要病虫害有棉铃虫、棉盲蝽、棉叶螨、棉蚜、棉蓟马、枯萎病、红叶茎枯病、苗期和铃期病害及偶发性的夜蛾类害虫等。近年来，长江流域棉花主要病虫害发生面积占病虫害总发生面积比例见表 5-1。

表 5-1　2012—2018 年长江流域棉区主要病虫害发生面积占比情况

年份	发生面积 / 万亩次	病害 /%				虫害 /%							合计 / %
		苗病	铃病	枯萎病	黄萎病	棉蚜	棉铃虫	棉叶螨	棉盲蝽	红铃虫	棉蓟马	烟粉虱	
2012	10057.24	2.5	4.7	3.7	1.9	14.3	22.8	12.4	17.7	3.4	1.9	4.4	89.7
2013	8839.57	2.5	5.1	3.2	1.6	14.3	21.8	15.1	16.7	4.5	2.3	3.7	90.8
2014	7318.48	2.6	6.0	4.3	3.1	15.0	19.4	13.8	17.5	4.3	1.9	4.2	92.1
2015	4163.39	3.2	4.6	4.7	2.5	15.5	16.5	15.1	19.3	3.7	1.9	4.3	91.3

年份	发生面积/万亩次	病害/%				虫害/%							合计/%
		苗病	铃病	枯萎病	黄萎病	棉蚜	棉铃虫	棉叶螨	棉盲蝽	红铃虫	棉蓟马	烟粉虱	
2016	3109.16	3.5	3.9	5.2	3.2	15.7	14.8	15.4	18.3	3.8	1.6	3.5	88.9
2017	2537.18	3.5	6.7	4.8	3.3	15.5	11.9	17.0	14.3	2.9	1.7	4.8	86.4
2018	2195.12	4.0	6.1	5.0	2.0	14.9	12.2	16.9	16.1	5.3	1.7	4.0	93.3
平均	5460.02	2.8	5.2	4.1	2.3	14.8	19.3	14.4	17.3	4.0	1.9	4.1	90.2

数据来源：《全国植保专业统计资料》。

（三）棉花病虫害绿色防控技术模式

1. 防控策略

长江流域棉区棉花病虫害防控要落实种植抗（耐）病虫品种、种子包衣、苗期预防措施，推广生态调控、理化诱控、天敌保护利用技术，合理使用生物农药和高效低风险化学农药，应用高效植保机械合理精准施药，减少化学农药用量，实现棉田病虫害可持续治理和安全控害减灾。

2. 防控重点

重点防控苗病、枯萎病、黄萎病、棉盲蝽、棉叶螨、棉蚜、夜蛾类、棉蓟马、棉铃虫等病虫害，预防铃病、红叶茎枯病。

播种期至苗期：重点预防苗病、枯萎病、黄萎病，主防小地老虎、苗蚜、棉盲蝽等。

蕾期：主防枯萎病、黄萎病，主治棉盲蝽、棉铃虫、棉叶螨等。

花铃期：主防铃病、红叶茎枯病，主治伏蚜、棉叶螨、棉铃虫、棉盲蝽、夜蛾类害虫及烟粉虱等。

3. 主要技术措施

（1）生态调控和农艺措施。

冬季深翻土壤，减少棉铃虫等害虫的越冬基数。及时清除棉田内和田埂、路边的杂草，减少棉盲蝽、棉叶螨虫口基数。合理轮作，实行大面积稻棉轮作，可有效预防枯萎病、黄萎病等土传病害。棉田套种玉米，诱集棉铃虫成虫产卵，集中杀灭，推行棉花和其他作物插花种植，保护利用自然天敌。

选用抗虫棉、抗枯萎病、耐黄萎病品种。选择对路种衣剂进行种子药剂包衣处理，预防控制苗期立枯病、炭疽病等病害以及小地老虎、棉盲蝽、棉蓟马等害虫。选用无菌土壤制钵育苗，培育无病壮苗。合理施肥和灌溉、排水。施足有机肥，适时追肥，氮肥、磷肥、钾肥合理配比。对棉花红叶茎枯病常发地块，增施草木灰、硫酸钾等；后期采用根外追肥。旱期及时浇水，雨季及时排水。

棉花铃期及时整枝、打老叶，中耕除草，雨水多时，注意清沟沥水，降低土壤湿度。根据棉株长势，适时喷施甲哌嗡控制旺长，避免偏多、偏迟施用氮肥，防止棉花贪青徒长。改善通风透光条件，降低田间郁闭度，减少病虫基数。摘除烂铃和斜纹夜蛾卵块并带出田外深埋处理。

（2）理化诱控。

性诱剂诱杀害虫：在棉盲蝽、棉铃虫、斜纹夜蛾等害虫成虫发生期，选择专用性诱剂和诱捕器，每亩挂放 1 套诱芯和诱捕器，诱杀靶标害虫雄虫，降低种群数量，减轻田间危害。

糖酒醋液诱杀害虫：在小地老虎发生期，采用糖酒醋液诱杀成虫，压低基数。糖酒醋液按糖：醋：酒：水＝6 ：3 ：1 ：10 的比例配制，按总量 0.1% ～ 0.2% 的比例加入 50% 敌敌畏乳油或 90% 晶体敌百虫。盛蛾期每 3 ～ 4 亩放置一钵，位置以高出植株 30 ～ 50 厘米为宜。每天傍晚开盖诱杀，白天加盖防蒸发。每 3 ～ 5 天添加新鲜糖酒醋液，10 天清换一次。

（3）生物防治。

保护利用天敌控害：适当推迟灭茬，油菜、小麦等作物收获后的秸秆在田间堆放 2 ～ 3 天，有利于瓢虫等天敌向棉田转移。棉花生长前期注重保护利用棉田自然天敌，充分发挥天敌控害作用。当棉田天敌单位（以 1 头七星瓢虫、2 头蜘蛛、2 头蚜狮、4 头食蚜蝇、120 头蚜茧蜂为 1 个天敌单位）与蚜虫种群量比高于 1 ∶ 320 时，不施药防治蚜虫，苗期至蕾期棉蚜轻发时不施用化学农药防治。

人工释放赤眼蜂：棉铃虫成虫始盛期人工释放寄生蜂螟黄赤眼蜂或松毛虫赤眼蜂，放蜂量每次 10 000 头 / 亩，每代放蜂 2 ～ 3 次，间隔 3 ～ 5 天，降低棉铃虫幼虫量。

（4）生物农药。

使用氨基寡糖素、枯草芽孢杆菌、解淀粉芽孢杆菌预防或防治枯（黄）萎病，多抗霉素、杀真菌制剂和嘧啶核苷类抗菌素、中生菌素等杀细菌制剂防治铃病，烟碱、苦参碱防治蚜虫，阿维菌素防治棉叶螨，甘蓝夜蛾核型多角体病毒、棉铃虫核型多角体病毒、短稳杆菌、多杀霉素、印楝素防治棉铃虫，斜纹夜蛾核型多角体病毒、球孢白僵菌防治斜纹夜蛾。

（5）合理安全用药。

害虫低龄幼（若）虫期或虫量达到防治指标时、病害在发病初期选用高效、低毒、低残留农药进行防治，注意交替轮换用药。

苗病：在发病初期尤其是遇低温阴雨天气时，及时选用络合态代森锰锌、吡唑醚菌酯、噁霉灵等药剂喷施。

枯萎病和黄萎病：在发病前或初见病时选用辛菌胺醋酸盐、菌毒清、乙蒜素、三氯异氰尿酸、噁霉·福美双等药剂，连续用药 2 ～ 3 次，间隔 10 天，叶面喷施与喷淋灌根相结合，注意轮换用药。

铃病：在花蕾和幼铃期适时喷药预防，在病铃率达 3% 时施药防治，可选用乙蒜素、辛菌胺醋酸盐、吡唑醚菌酯等杀真菌制剂和乙蒜素、噻菌铜等杀细菌制剂。

棉蚜：在棉花苗期卷叶株率达 5% 时选用噻虫嗪、烯啶虫胺、吡虫啉、啶虫脒等药剂防治，在棉花蕾铃期百株蚜量达 1 000 头以上时选用噻虫嗪、啶虫脒、吡虫啉、烯啶虫胺、吡蚜酮等药剂。

棉叶螨：在有螨株率低于 15% 时挑治中心株，超过 15% 时全田统一防治，可选用炔螨特、联苯菊酯、哒螨灵、螺螨酯等药剂。

棉盲蝽：苗期百株若虫量 5 头和蕾铃期百株虫量 10 头时选用溴氰菊酯、顺式氯氰菊酯、氟啶虫胺腈、阿维·啶虫脒等药剂。

棉铃虫：当日平均百株卵量二代达 30 粒、三代～五代 20 粒的棉田，或在抗虫棉百株低龄幼虫（3 龄以内）达 10 头、非抗虫棉百株累计卵量 100 粒时，选用茚虫威、氯虫苯甲酰胺、氟铃脲、甲氨基阿维菌素苯甲酸盐等药剂。

斜纹夜蛾和甜菜夜蛾：在亩有卵块（虫窝）2 块以上时选用甲维·氟铃脲等药剂。

三、新疆棉区

（一）植棉概况

新疆为典型的干旱半干旱大陆气候，是独特的荒漠绿洲灌溉农业区，土壤、光照等自然资源十分丰富，具有生产优质棉花的环境与条件。新疆植棉历史悠久，是我国最早栽培一年生棉花的地区，也是目前国内最大的产棉区，新疆 14 个地级行政区中，有 13 个行政区种植棉花，2019 年新疆棉花种植面积 2 685 万亩（不包括兵团）。同时，棉花也是新疆最主要的经济作物，棉花生产是新疆农业产业的一大优势，在发展国民经济、增加农民收入和农村致富中占有十分重要的地位。

（二）病虫害发生和防治概况

随着新疆棉区植棉面积迅速扩大，连片种植和连作，作物布局、种植结构及农田生态环境发生了变化，为棉花病虫的繁衍滋生创造了有利条件。新疆棉花病虫害主要有棉铃虫、棉蓟马、棉叶螨、棉蚜、小地老虎、立枯病、枯萎病、黄萎病等，以棉铃虫、棉蓟马、棉叶螨、棉蚜和枯（黄）萎病为防控重点。棉铃虫常年发生面积 300 万～400

万亩，最高时达 609 万亩，棉蚜常年发生面积 600 万亩，最高时达 687 万亩，棉叶螨常年发生面积 450 万～ 600 万亩，最高时达 887 万亩。

（三）棉花病虫害绿色防控技术模式

1. 作物合理布局和生态调控

大力提倡棉麦邻作，通过棉麦邻作可明显提高早期棉田的天敌数量。麦田植株密集、生境与棉田基本相似，田间天敌种类基本相同。麦田不宜采取化学防治措施防治病虫害，确需施药时，要选择对天敌安全的药剂品种和剂型，保护天敌繁衍控害。小麦成熟收获时，正值棉田天敌建立种群阶段，“以害养益，引益入田”，麦田天敌向棉田大量迁移，麦田距棉田越近，天敌迁入数量越多，除害保益的效果越好。

在棉田行间种植早熟玉米诱集带，增加生物多样性。在棉区种植一定比例的正播玉米，可减轻棉田二代棉铃虫为害。夏季小麦收获后种植复播玉米，可明显降低棉田三代棉铃虫为害。在棉田周边的地埂、林带等空闲处种植苜蓿、油菜、红花等作物，诱集和保护多种天敌栖息、繁殖，提高天敌对害虫的控制能力。在棉田四周种植玉米诱集带，诱集棉铃虫产卵。在棉田边缘林荫下（通常为 10 米范围内）种植苜蓿带，6 月上旬、中旬棉蚜开始进入棉田为害时刈割苜蓿带，将苜蓿在棉田边缘放置 24 小时，使天敌转移到棉田控制棉蚜。

2. 秋耕冬灌

秋耕冬灌是有效减少棉铃虫和棉叶螨等害虫越冬基数的措施之一，可大量杀灭越冬虫源。深翻的目的是把表层土壤中的病原菌翻到深层，耕地深度 15 ～ 20 厘米，使部分病原菌窒息死亡，病残体深埋地下，发酵分解，减轻发病基数。冬灌的时间应在“晚冻午消”时进行。采用畦灌方法，在棉田深耕暴晒后，每隔 2 ～ 3 米宽加畦，在土壤干燥时灌水，亩灌水120～150米^3。切忌湿土灌溉，以免“洗墒”形成土块，增加整地难度。秋耕冬灌可使棉铃虫死亡率达90%以上，棉叶螨越冬数量比茬灌地减少12倍。

3. 清洁田园

田间发现感病植株时，要及时拔除，带出田外集中的烧毁或深埋。棉花采收完后，将棉秆拔除后运出田外，以减少棉花枯萎病和黄萎病病原菌在土壤中的积累和蔓延，降低翌年的发病率。

4. 种子处理和适时播种

5厘米土壤地温稳定在12℃时即可播种，一般年份4月10日以后可试播，4月15日以后可大面积播种。选择高产、优质、抗病、早熟、株型紧凑、适宜密植的棉花品种。棉花种子采用浓硫酸脱绒，药剂拌种。一般先拌杀菌剂再拌杀虫剂。可用60%或70%吡虫啉种子处理剂、46%噻虫嗪种子处理悬浮剂与苯醚甲环唑、咯菌腈等杀菌剂混合包衣。也可根据需要，加缩节胺等调节剂一起拌种。

5. 田间管理

通过水肥管理培育健壮植株，提高作物抗逆能力。及时浅耕灭茬，消灭一代棉铃虫蛹，压低二代基数。结合整枝、打杈，人工抹棉铃虫卵，捕捉幼虫，把疯杈、顶尖、边心及无效花蕾、烂铃等带出田外集中处理，可以降低田间棉铃虫卵和幼虫量。棉花生长后期，要及时推枝并垄、去除老叶及空枝，以利通风透光，减轻铃病的流行。

6. 天敌保护利用

（1）天敌保护。

不同种类蚜虫在棉田的发生时间顺序为棉黑蚜、棉长管蚜和棉蚜，以棉蚜危害最严重，是重点防治对象。6月底棉黑蚜和棉长管蚜种群量自然消退，7月中旬前后棉长管蚜种群量自然消退。因此，应放宽蚜虫的防治指标，对棉黑蚜、棉长管蚜一般不进行药剂防治，有利于棉田天敌种群的建立和数量增长，利用自然天敌控制主要防治对象棉蚜的为害。

（2）人工释放天敌。

棉叶螨点片发生期释放捕食螨。在中心株上每株挂 1 袋胡瓜新小绥螨（约 300 头捕食螨），两侧各挂 1 袋，约 1 500 ～ 3 000 头捕食螨。二代棉铃虫卵始盛期人工释放螟黄赤眼蜂，连续释放 4 次，每次间隔 3 ～ 4 天，放蜂量第一次为每亩 2 万头。在赤眼蜂开始羽化时（约 5% ～ 7% 的柞蚕卵上出现羽化孔），把蜂卡撕成小块，用中部棉叶反卷包住蜂卡，附着在其他叶片背面，避免阳光直射，按照行宽 7 米、顺行长 15 ～ 20 米放置 1 块蜂卡，清晨或傍晚释放。

7. 信息素诱杀

（1）杨树枝条诱蛾。

用两年生带叶杨树枝条捆成长 70 厘米左右、直经约 10 ～ 15 厘米的杨枝把，上紧下松呈倒伞形，于二代棉铃虫羽化高峰期，立于棉田四周，每亩摆放 2 ～ 3 把，高于棉株 20 ～ 30 厘米，日出前集中捕杀杨树枝把上的棉铃虫成虫。杨树枝把白天置于阴湿处，每 7 ～ 10 天更新一次。

（2）昆虫信息素诱杀。

应用 650g/L 夜蛾利它素饵剂（食诱剂）诱杀棉铃虫等鳞翅目害虫成虫，在棉铃虫羽化始盛期，棉田每隔 100 米滴洒 1 行、两侧各滴洒 1 行食诱剂。应用棉铃虫性诱剂诱杀棉铃虫雄成虫，从越冬代蛾始见期开始至末代蛾期结束为止，可减少田间落卵量和幼虫量。平均每亩设置 1 个诱芯和干式飞蛾诱捕器，田间等距顺行均匀设置，并尽量根据机车作业宽幅进行适度调整。

8. 生物药剂

应用 600 亿 PIB/ 克棉铃虫核型多角体病毒 2 ～ 3 克 / 亩、20 亿 PIB/ 毫升甘蓝夜蛾核型多角体病毒 50 ～ 60 克 / 亩或苏云金杆菌、短稳杆菌、印楝素等药剂叶面喷雾防治棉铃虫，用液量 40 ～ 50 千克 / 亩。

9. 化学防治

棉田周边及田埂喷施硫黄悬浮剂或杀螨剂防治棉叶螨。选用代森锌 400 ～ 700 倍液、50% 甲基硫菌灵可湿性粉剂等药剂预防立枯病。选用枯草芽孢杆菌、多抗霉素、多菌灵、甲基托布津等药剂喷施或灌根防治棉花枯（黄）萎病；棉叶螨点片发生时，选用哒螨灵、阿维菌素、克螨特等杀螨剂防治叶螨；选用洗尿合剂、吡虫啉防治苗蚜，选用苦参碱、啶虫脒等药剂防冶伏蚜；棉苗出土前，选用啶虫脒、吡虫啉等药剂对棉蓟马虫源田进行防治，棉田可结合防治棉蚜等其他害虫兼治。

表 5-2　新疆棉区棉花病虫害绿色防控技术模式

<table>
<tr><td></td><td>10月</td><td>11月</td><td>12月</td><td>1月</td><td>2月</td><td colspan="2">3月</td><td colspan="2">4月</td><td colspan="2">5月</td><td colspan="2">6月</td><td colspan="3">7月</td><td colspan="2">8月</td><td colspan="2">9月</td></tr>
<tr><td></td><td></td><td></td><td></td><td></td><td></td><td>上旬</td><td>下旬</td><td>上旬</td><td>下旬</td><td>上旬</td><td>下旬</td><td>上旬</td><td>中旬</td><td>下旬</td><td>上旬</td><td>下旬</td><td>上旬</td><td>下旬</td><td>上旬</td><td>下旬</td></tr>
<tr><td>生育期</td><td colspan="5">播前期</td><td colspan="2">播种期</td><td>出苗期</td><td colspan="4">苗期</td><td colspan="3">蕾期</td><td colspan="3">花铃期</td><td colspan="2">吐絮期</td></tr>
<tr><td>防治对象</td><td colspan="4">越冬虫源</td><td>蚜虫、烟粉虱</td><td colspan="3">棉叶螨、棉铃虫、蚜虫</td><td colspan="2">蚜虫、立枯病</td><td colspan="3">枯（黄）萎病、棉铃虫</td><td colspan="7">棉蚜、棉铃虫</td></tr>
<tr><td rowspan="3">防治措施</td><td colspan="4">发现病株要及时拔除，带出田外集中的烧毁或深埋。棉花采收完后，将棉秆拔除后运出田外，减少棉花枯（黄）萎病病原菌在土壤中的积累和蔓延，降低翌年发病率。“晚冻午消”时进行冬灌，在棉田深耕暴晒后，每隔 2 ～ 3 米宽加畦，在土壤干燥时灌水，切忌湿土灌溉，以免“洗墒”形成土块，增加整地难度</td><td></td><td colspan="2">1. 选用抗病虫棉花品种。
2. 浓硫酸脱绒，药剂拌种。先拌杀菌剂再拌杀虫剂。可用 60% 或 70% 吡虫啉种子处理剂，46% 噻虫嗪种子处理悬浮剂与苯醚甲环唑、咯菌腈等杀菌剂混合处理种子。也可根据需要，加入缩节胺等调节剂一起拌种</td><td colspan="3">1. 在田边或林带种植苜蓿带涵养天敌。
2. 种植玉米诱集带，在棉田行间种植早熟玉米诱集棉铃虫，每天早晨拍打心叶灭蛾，减少虫源。
3. 棉田周边及田埂喷施硫黄悬浮剂或杀螨剂防治棉叶螨</td><td colspan="3"></td><td colspan="7">1. 选用 600 亿 PIB/ 克棉铃虫核型多角体病毒 2 ～ 3 克 / 亩、20 亿 PIB/ 毫升甘蓝夜蛾核型多角体病毒 50 ～ 60 克 / 亩等药剂喷雾防治棉铃虫，用液量 40 ～ 50 千克 / 亩。
2. 选用枯草芽孢杆菌、多抗霉素、多菌灵、甲基托布津等药剂喷施或灌根防治棉花枯（黄）萎病，棉叶螨点片发生时，选用哒螨灵、阿维菌素、克螨特等杀螨剂防治叶螨；选用洗尿合剂、吡虫啉防治苗蚜，选用苦参碱、啶虫脒等药剂防治伏蚜，棉苗出土前，选用啶虫脒等药剂对棉蓟马虫源田进行防治，棉田可结合防治棉蚜等害虫时兼治</td></tr>
<tr><td colspan="4"></td><td></td><td colspan="2"></td><td></td><td colspan="5">选用代森锌 400 ～ 700 倍液、50% 甲基硫菌灵可湿性粉剂等药剂防治立枯病</td><td colspan="7"></td></tr>
<tr><td colspan="4"></td><td></td><td colspan="2"></td><td></td><td colspan="12">1. 二代棉铃虫羽化高峰期，用两年生带叶杨树枝条捆成长 70 厘米左右、直径约 10 ～ 15 厘米的杨枝把，上紧下松呈倒伞形，每亩摆放 2 ～ 3 把，高于棉株 20 ～ 30 厘米，立于棉田四周，日出前集中捕杀棉铃虫成虫。注意杨枝把白天置于阴湿处，每 7 ～ 10 天更新一次。
2. 食诱剂（650g/L 夜蛾利它素饵剂）诱杀棉铃虫，在棉铃虫羽化始盛期，棉田每 100 米滴洒 1 行、两侧各滴洒 1 行食诱剂。应用性诱剂诱杀棉铃虫，平均 1 套诱芯和干式诱捕器，田间等距网格式顺行均匀放置，尽量根据机车作业宽幅进行适度调整</td></tr>
</table>

参考文献

[1] WHO. International programme on chemical safety. Environmental Health Criteria. Geneva: World Health Organization, 1984: 1-62.

[2] Amizadeh, M., Saryazdi, G. A. (2011). Effects of endosulfan on human health.

[3] Tomlin, C. D. The pesticide manual: a world compendium. (British Crop Production Council, 2009).

[4] RIVM. Reports Environment and Safety Division 2011. https://www.rivm.nl/ en/scientific-report-rivm/scientific-report-rivm/reports-environment-and-safety-division-2011 (2011).

[5] Van de Plassche, E., Polder, M., Canton, J. Derivation of maximum permissible concentrations for several volatile compounds for water and soil (1993).

[6] Simonich, S. L., Hites, R. A. Global distribution of persistent organochlorine compounds. Science, 1995, 269, 1851-1854.

[7] UN, UNEP. FAO (United Nations, United Nations Environment Programme, Food and Agriculture Organization). Conference of the parties to the rotterdam convention on the prior informed consent procedure for certain hazardous chemicals and pesticides in international trade on the work of its fourth meeting (2008).

[8] Hung, H. et al. Atmospheric monitoring of organic pollutants in the Arctic under the Arctic monitoring and assessment programme (AMAP): 1993–2006. Science of the Total Environment, 2010, 408: 2854-2873.

[9] 农业农村部 . 农业部办公厅关于征求硫丹等 5 种农药禁限用管理措施意见的函 . http://www.icama.org.cn/zwtz/7814. jhtml (2017).

[10] Ministry of Health, L., Welfare, J. The Japanese positive list system for agricultural chemical residues in foods (2014).

[11] EPA. Endosulfan red facts. https://archive.epa.gov/pesticides/reregistration/ web/html/endosulfan_fs.html (2002).

[12] EU. Current MRL values. https://ec.europa.eu/food/plant/pesticides/ eu-pesticides-database/public/?event=pesticide.residue.CurrentMRL&language=EN (2020).

[13] 韩国食品和药物安全部. Endosulfan: Sum of α, β-endosulfan and endosulfan sulfate. https://www.foodsafetykorea.go.kr/foodcode/02_01_01.jsp?pesticide_ code= P00090&s_option=KR&s_type=7 (2020).

[14] 明九雪, 钱传范, 申继忠. 硫丹在苹果和土壤中的残留动态研究. 中国农业大学学学报, 1998, 3: 95-100.

[15] 曹爱华, 徐光军, 冯涛, 等. 赛丹在烟草和土壤中的残留研究. 中国烟草科学, 1999, 3, 40-44.

[16] 郭明, 闫志顺, 张沁, 等. 赛丹在棉花和土壤中的残留动态研究. 农业环境保护, 2001, 20: 243-245.

[17] 傅瑞敏. 硫丹在绿茶和乌龙茶中残留动态差异的初步研究. 中国茶叶加工, 2004, 1, 33-34.

[18] Campoy, C. et al. Analysis of organochlorine pesticides in human milk: preliminary results. Early Human Development, 2001, 65, 183-190

[19] Fontcuberta, M. et al. Chlorinated organic pesticides in marketed food: Barcelona, 2001–2006. Science of the Total Environment, 2008, 389, 52-57.

[20] Chemicals, U. Regionally based assessment of persistent toxic substances. Mediterranean Regional Report. Programme des Nations Unies pour l'environnement (2002).

[21] Taube, J., Vorkamp, K., Förster, M, et al. Pesticide residues in biological waste. Chemosphere, 2002, 49, 1357-1365.

[22] NZFSA. Food Residue Surveillance Programme June 2007. New Zealand Food Safety Authority. Wellington. http://www.nzfsa.govt.nz/science/research-projects/ food-residues-surveillance-programme/results/2007/index.htm (2007).

[23] Frenich, A. G. et al. Multiresidue analysis of organochlorine and organophosphorus pesticides in muscle of chicken, pork and lamb by gas chromatography–triple quadrupole mass spectrometry. Analytica chimica acta, 2006, 558, 42-52.

[24] Guo, J. Y. et al. Organochlorine pesticides in seafood products from southern China and health risk assessment. Environmental Toxicology and Chemistry: An International Journal, 2007, 26, 1109-1115.

[25] Otchere, F. A. Organochlorines (PCBs and pesticides) in the bivalves

Anadara (Senilis) senilis, Crassostrea tulipa and Perna perna from the lagoons of Ghana. Science of the Total Environment, 2005, 348: 102-114.

[26] GEF. Regionally based assessment of persistent toxic substances – Indian Ocean regional report. Global environment facility, United Nations environmental programme, Geneva. http://www.chem.unep.ch/Pts/ (2002).

[27] Nowak, B. Residues of endosulfan in the livers of wild catfish from a cotton growing area. Environmental Monitoring and Assessment, 1990 14, 347-351.

[28] Kole, R., Banerjee, H, Bhattacharyya, A. Monitoring of market fish samples for Endosulfan and Hexachlorocyclohexane residues in and around Calcutta. Bulletin of Environmental Contamination and toxicology, 2001, 67: 554-559.

[29] Singh, P. B., Singh, V., Nayak, P. Pesticide residues and reproductive dysfunction in different vertebrates from north India. Food and Chemical Toxicology, 2008, 46: 2533-2539.

[30] Hinck, J. E. et al. Chemical contaminants, health indicators, and reproductive biomarker responses in fish from rivers in the Southeastern United States. Science of the Total Environment, 2008, 390: 538-557.

[31] Syakalima, M. et al. Pesticide/herbicide pollutants in the Kafue River and a preliminary investigation into their biological effect through catalase levels in fish. Japanese Journal of Veterinary Research, 2006, 54: 119-128.

[32] Pazou, E. Y. A. et al. Contamination of fish by organochlorine pesticide residues in the Ouémé River catchment in the Republic of Bénin. Environment International, 2006, 32: 594-599.

[33] Henry, L. & Kishimba, M. Pesticide residues in Nile tilapia (*Oreochromis niloticus*) and Nile perch (*Lates niloticus*) from Southern Lake Victoria, Tanzania. Environmental Pollution, 2006, 140: 348-354.

[34] Osibanjo, O. et al. Regionally based assessment of persistent toxic substances. Sub-Saharan Africa regional report. UNEP Chemicals, Geneva (2002).

[35] Kasozi, G., Kiremire, B., Bugenyi, F., et al. Organochlorine residues

in fish and water samples from Lake Victoria, Uganda. Journal of Environmental Quality, 2006, 35: 584-589.

[36] GEF. Regionally based assessment of persistent toxic substances – North America regional report. Global environment. facility, United Nations environmental programme, Geneva. http://www.chem.unep.ch/Pts/ (2002).

[37] Ackerman, L. K. et al. Atmospherically deposited PBDEs, pesticides, PCBs, and PAHs in Western US National Park fish: concentrations and consumption guidelines. Environmental Science & Technology, 2008, 42: 2334-2341.

[38] Lanfranchi, A. L. et al. Striped weakfish (Cynoscion guatucupa): a biomonitor of organochlorine pesticides in estuarine and near-coastal zones. Marine Pollution Bulletin, 2006, 52: 74-80.

[39] Amaraneni, S. R. Distribution of pesticides, PAHs and heavy metals in prawn ponds near Kolleru lake wetland, India. Environment International, 2006, 32: 294-302.

[40] GEF. Regionally based assessment of persistent toxic substances – Central America and the Caribbean regional report. Global Environment Facility, United Nations (2002).

[41] Erdo rul, Ö. Pesticide residues in liquid pekmez (grape molasses). Environmental Monitoring and Assessment, 2008, 144: 323-328.

[42] Chauzat, M. P.,Faucon, J. P. Pesticide residues in beeswax samples collected from honey bee colonies (*Apis mellifera* L.) in France. Pest Management Science: Formerly Pesticide Science, 2007, 63: 1100-1106.

[43] Strandberg, B.,Hites, R. A. Concentration of organochlorine pesticides in wine corks. Chemosphere, 2001, 44: 729-735.

[44] Guardia Rubio, M., Ruiz Medina, A., Molina Díaz, A.,Ayora Cañada, M. J. Influence of harvesting method and washing on the presence of pesticide residues in olives and olive oil. Journal of Agricultural and Food Chemistry, 2006, 54: 8538-8544.

[45] Oh, C-H. Multi residual pesticide monitoring in commercial herbal crude drug materials in South Korea. Bulletin of Environmental Contamination and Toxicology, 2007, 78: 314-318.

[46] Mezcua, M. et al. Determination of pesticides in milk-based

infant formulas by pressurized liquid extraction followed by gas chromatography tandem mass spectrometry. Analytical and Bioanalytical Chemistry, 2007, 389: 1833-1840.

[47] Singh, B. Monitoring of insecticide residues in cotton seed in Punjab, India. Bulletin of Environmental Contamination & Toxicology, 2004: 73.

[48] Z., P. Studies on monitoring and persistence of cotton/Grain protectant pesticides under environment/ simulated conditions and their effects on food constituents. PhD thesis, University of Karachi, Karachi. http://eprints.hec.gov.pk/1362/ (1993).

[49] Bishnu, A., Chakrabarti, K., Chakraborty, A., et al. Pesticide residue level in tea ecosystems of Hill and Dooars regions of West Bengal, India. Environmental Monitoring and Assessment, 2009, 149: 457-464

[50] 郜红建，蒋新．有机氯农药在南京市郊蔬菜中的生物富集与质量安全．环境科学学报，2005, 25, 90-94.

[51] Bouman, B., Castaneda, A.,Bhuiyan, S. Nitrate and pesticide contamination of groundwater under rice-based cropping systems: past and current evidence from the Philippines. Agriculture, ecosystems & environment, 2002, 92: 185-199.

[52] Bakouri, H. E., Ouassini, A., Aguado, J. M., et al. Endosulfan sulfate mobility in soil columns and pesticide pollution of groundwater in northwest Morocco. Water Environment Research, 2007, 79: 2578-2584.

[53] Shukla, G., Kumar, A., Bhanti, M., et al. Organochlorine pesticide contamination of ground water in the city of Hyderabad. Environment International, 2006, 32: 244-247.

[54] Kumari, B., Madan, V.,Kathpal, T. Status of insecticide contamination of soil and water in Haryana, India. Environmental Monitoring and Assessment, 2008, 136: 239-244.

[55] Jayashree, R., Vasudevan, N. Organochlorine pesticide residues in ground water of Thiruvallur district, India. Environmental Monitoring and Assessment, 2008, 128: 209-215.

[56] Tariq, M. I., Afzal, S.,Hussain, I. Pesticides in shallow groundwater of bahawalnagar, Muzafargarh, DG Khan and Rajan Pur districts of Punjab, Pakistan. Environment International, 2004, 30: 471-479.

[57] EPA. Reregistration eligibility decision for Endosulfan. EPA 738-R-02-013. Pollution, pesticides and toxic substances (7508C), United States environmental protection agency. http://www.epa.gov/oppsrrd1/REDs/endosulfan_red.pdf (2002).

[58] Xue, N., Xu, X. & Jin, Z. Screening 31 endocrine-disrupting pesticides in water and surface sediment samples from Beijing Guanting Reservoir. Chemosphere, 2005, 61: 1594-1606.

[59] Xue, N. & Xu, X. Composition, distribution, and characterization of suspected endocrine-disrupting pesticides in Beijing GuanTing Reservoir (GTR). Archives of environmental contamination and toxicology, 2006, 50: 463-473.

[60] Leong, K. H., Tan, L. B., Mustafa, A. M. Contamination levels of selected organochlorine and organophosphate pesticides in the Selangor River, Malaysia between 2002 and 2003. Chemosphere, 2007, 66: 1153-1159.

[61] 张祖麟, 等 . 九龙江口水体中有机氯农药分布特征及归宿 . 环境科学 , 2001, 22: 88-92.

[62] 张祖麟 , 等 . 闽江口水、间隙水和沉积物中有机氯农药的含量 . 环境科学 , 2003, 24: 117-120.

[63] 康跃惠 , 盛国英 , 傅家谟 , 等 . 珠江澳门河口沉积物柱样中有机氯农药的垂直分布特征 . 环境科学 , 2000, 22: 81-85.

[64] 王伟 , 祁士华 , 龚香宜 , 等 . 泉州湾沉积物中有机氯农药含量及风险评估 . 环境科学研究 , 2006, 19: 14-18.

[65] 关卉 , 杨国义 , 李丕学 , 等 . 雷州半岛典型区域土壤有机氯农药污染探查研究 . 生态环境 , 2006, 15: 323-326.

[66] 孙剑辉 , 等 . 黄河中下游表层沉积物中有机氯农药含量及分布 . 环境科学 , 2007, 28: 1332-2337.

[67] 马瑾等 . 珠三角典型区域土壤有机氯农药多元统计分析 . 土壤 , 2008, 40: 954-959.

[68] 贺璐璐 , 宋建中 , 于赤灵 , 等 . 珠江三角洲 4 种代表性土壤 / 沉积物中自由态与结合态有机氯农药的含量与分布特征 . 环境科学 , 2008, 29: 3462-3469.

[69] 陈伟 , 宋琪 , 刘梦 , 等 . 新疆孔雀河表层沉积物中有机氯农药的分布及风险评估 . 环境化学 , 2009, 28: 289-292.

[70] 王泰，黄俊，余刚．海河与渤海湾沉积物中 PCBs 和 OCPs 的分布特征．清华大学学报（自然科学版），2008, 48: 1462-1465.

[71] 田芳，等．海南洋浦湾表层沉积物中有机氯农药的分布特征．环境污染与防治 网络版第二期 (2009).

[72] Wang, B., Iino, F., Huang, J. Probabilistic ecological risk assessment of endosulfan in aquatic environment in China. Organohalogen Compounds, 2010, 72: 689-692.

[73] GFEA-U. Endosulfan. Draft dossier prepared in support of a proposal of endosulfan to be considered as a candidate for inclusion in the CLRTAP protocol on persistent organic pollutants. German Federal Environment agency– Umweltbundesamt, Berlin, 2007. (2007).

[74] ATSDR. Toxicological profile for Endosulfan. Agency of toxic substances and disease registry, Atlanta, USA. http://www.atsdr.cdc.gov/toxprofiles/tp41.html (2000).

[75] UNEP/FAO. Inclusion of the chemical Endosulfan in annex III of the Rotterdam convention. United Nations environment programme and food and agriculture organization UNEP/FAO/RC/COP.4/9. http://www.pic.int/COPS/ COP4/i9)/ English/K0763331%20COP-4-9.pdf (2007).

[76] Matthiessen, P.,Roberts, R. Histopathological changes in the liver and brain of fish exposed to endosulfan insecticide during tsetse fly control operations in Botswana. Journal of Fish Diseases, 1982, 5: 153-159.

[77] Sinha, N.,Narayan, R.,Shanker, R.,Saxena,D. Endosulfan-induced biochemical changes in the testis of rats. Veterinary and human Toxicology, 1995, 37: 547-549.

[78] Dikshith, T., Raizada, R., Srivastava, M., et al. Response of rats to repeated oral administration of endosulfan. Industrial Health, 1984, 22: 295-304.

[79] 朱心强，郑一凡，张群卫，等．硫丹对成年大鼠生精功能的影响和氧化损伤．中国药理学与毒理学杂志，2002, 16: 391-395.

[80] Barry, M. J. Effects of endosulfan on Chaoborus-induced life-history shifts and morphological defenses in Daphnia pulex. Journal of Plankton Research, 2000, 22: 1705-1718.

[81] Ribeiro, S., Sousa, J., Nogueira, A. et al. Effect of endosulfan and parathion on energy reserves and physiological parameters of the

terrestrial isopod Porcellio dilatatus. Ecotoxicology and Environmental Safety, 2001, 49: 131-138.

[82] Broomhall, S. D. Egg temperature modifies predator avoidance and the effects of the insecticide endosulfan on tadpoles of an Australian frog. Journal of applied ecology, 2004, 41: 105-113.

[83] Salvo, L. M. et al. Effects of endosulfan sublethal concentrations on carp (Cyprinus carpio, Linnaeus, 1758): Morphometric, hystologic, ultrastructural analyses and cholinesterase activity evaluation. Braz J Vet Res Anim Sci, 2008, 45: 87-94.

[84] Capkin, E., Altinok, I., Karahan, S. Water quality and fish size affect toxicity of endosulfan, an organochlorine pesticide, to rainbow trout. Chemosphere, 2006, 64: 1793-1800.

[85] Zeid, I. E. M. A. et al. Bioaccumulation of Carbofuran and Endosulfan in the African Catfish Clarias gariepinus. Pertanika Journal of Science and Technology, 2005, 13: 249-256.

[86] Ribeiro, C. O., Vollaire, Y., Sanchez-Chardi, A., et al. Bioaccumulation and the effects of organochlorine pesticides, PAH and heavy metals in the Eel (*Anguilla anguilla*) at the Camargue Nature Reserve, France. Aquatic Toxicology, 2005, 74: 53-69.

[87] Hii, Y. S., Lee, M. Y., Chuah, T. S. Acute toxicity of organochlorine insecticide endosulfan and its effect on behaviour and some hematological parameters of Asian swamp eel (Monopterus albus, Zuiew). Pesticide Biochemistry and Physiology, 2007, 89, 46-53.

[88] 朱福兴 , 王金信 , 刘峰 , 等 . 瓢虫对杀虫剂的敏感性研究 . 昆虫学报 , 1998: 359-365.

[89] 孟昭金 , 王利国 , 孙勇 . 赛丹防治棉铃虫和棉蚜及对天敌影响研究 . 新疆农业科学 , 1999, 36: 49-50.

[90] 黄卓烈 , 郑东 . 硫丹对黄瓜光合色素及几种有关酶活性的影响 . 热带亚热带植物学报 , 1998: 35-39.

[91] 胡国成 , 等 . 硫丹对斑马鱼的毒性效应 . 动物学杂志 , 2008: 3-8.

[92] 郑丽莎 , 史雅娟 , 孟凡乔 , 等 . 硫丹对蚯蚓存活、生长和肠胃线粒体超微结构的影响 . 环境科学学报 , 2009, 29: 1283-1287.

[93] UNEP/FAO. Endosulfan. Documentation received from the European Commission to support its notification of final regulatory action on

endosulfan. United Nations Environment programme and Food and Agriculture Organisation. UNEP/FAO/RC/CRC.3/10/Add.1, 2006. http://www.pic.int/incs/crc3/j10-add1)/ English/K0654655%20CRC3-10-ADD-1%20final.pdf (2006).

[94] EPA. Note to reader. Endosulfan readers guide. November 16. EPA-HQ-OPP-2002-0262-0057. 2007 http://www.regulations.gov (2007).

[95] Arrebola, F., Martínez Vidal, J., Fernández-Gutiérrez, A. Analysis of endosulfan and its metabolites in human serum using gas chromatography-tandem mass spectrometry. Journal of Chromatographic Science, 2001, 39: 177-182.

[96] Carreño, J. et al. Exposure of young men to organochlorine pesticides in Southern Spain. Environmental Research, 2007, 103: 55-61.

[97] Bouvier, G., Blanchard, O., Momas, I., et al. Pesticide exposure of non-occupationally exposed subjects compared to some occupational exposure: a French pilot study. Science of the Total Environment, 2006, 366: 74-91.

[98] Glin, L. et al. Living with poison: problems of endosulfan in West African cotton growing systems. PAN UK, London (2006).

[99] Oktay, C., Goksu, E., Bozdemir, N., Soyuncu, S. Unintentional toxicity due to endosulfan: a case report of two patients and characteristics of endosulfan toxicity. Veterinary and Human Toxicology, 2003, 45: 318-320.

[100] Sanghi, R., Pillai, M. K., Jayalekshmi, T., et al. Organochlorine and organophosphorus pesticide residues in breast milk from Bhopal, Madhya Pradesh, India. Human & Experimental Toxicology, 2003, 22: 73-76.

[101] Papadopoulou-Mourkidou, E., Milothridou, A. Residues and persistence of endosulfan in dry tobacco leaves and cigarettes. Bulletin of Environmental Contamination and Toxicology, 1990, 44: 394-400.

[102] Torres, M. J. et al. Organochlorine pesticides in serum and adipose tissue of pregnant women in Southern Spain giving birth by cesarean section. Science of the total environment, 2006, 372: 32-38.

[103] Shen, H. et al. From mother to child: investigation of prenatal and postnatal exposure to persistent bioaccumulating toxicants using breast

milk and placenta biomonitoring. Chemosphere, 2007, 67: S256-S262.

[104] Pathak, R. et al. Endosulfan and other organochlorine pesticide residues in maternal and cord blood in North Indian population. Bulletin of Environmental Contamination and Toxicology, 2008, 81, 216-219.

[105] 贾宏亮 . 硫丹在中国土壤大气中空间分布及传播的研究 . 大连海事大学 , 2010.

[106] CNRC. Endosulfan: its effects on environmental quality (NRC Associate Committee on scientific criteria for environmental quality, Report No. 11, Subcommittee of pesticides on related compounds, subcommittee report No. 3, Plublication No. NRCC 14098 of the environmental secretariat)(1975).

[107] Li, Y. F. & Li, D. Global emission inventories for selected organochlorine pesticides. Internal Report, Meteorogical Service of Canada. Toronto, Canada, Environment Canada (2004).

[108] Li, Y. & Macdonald, R. Sources and pathways of selected organochlorine pesticides to the Arctic and the effect of pathway divergence on HCH trends in biota: a review. Science of the Total Environment, 2005, 342: 87-106.

[109] 农民日报 . 硫丹杀虫剂在国内的生产 . 农民日报 , 2001-06-08.

[110] 农业农村部 . 中国农药电子手册 , 2006, http://www.chinapesticide.gov.cn (2006).

[111] Gao, H-J. Residual level sand new inputs of chlorinated POPS in agricultural soils from Taihu Lake Region. Pedosphere, 2005, 15: 301-309.

[112] Fang, W. et al. Organochlorine pesticides in soils under different land usage in the Taihu Lake Region, China. Journal of Environmental Sciences, 2007, 19: 584-590.

[113] Zhang, Z. et al. Transport and fate of organochlorine pesticides in the River Wuchuan, Southeast China. Journal of Environmental Monitoring, 2002, 4: 435-441.

[114] Fang, W. et al. Residual characteristics of organochlorine pesticides in Lou soils with different fertilization modes. Pedosphere, 2006, 16: 161-168.

[115] Pozo, K. et al. Toward a global network for persistent organic pollutants

in air: results from the GAPS study. Environmental Science & Technology, 2006, 40: 4867-4873.

[116] Li, J. et al. Organochlorine pesticides in the atmosphere of Guangzhou and Hong Kong: regional sources and long-range atmospheric transport. Atmospheric Environment, 2007, 41: 3889-3903.

[117] Qiu, X. et al. Organochlorine pesticides in the air around the Taihu Lake, China. Environmental Science & Technology, 2004, 38: 1368-1374.

[118] Louie, P. K. & Sin, D. W.-m. A preliminary investigation of persistent organic pollutants in ambient air in Hong Kong. Chemosphere, 2003, 52: 1397-1403.

[119] Shen, L. et al. Atmospheric distribution and long-range transport behavior of organochlorine pesticides in North America. Environmental Science & Technology, 2005, 39: 409-420.

[120] Pozo, K. et al. Seasonally resolved concentrations of persistent organic pollutants in the global atmosphere from the first year of the GAPS study. Environmental Science & Technology, 2009, 43: 796-803.

[121] Kullman, S. W. & Matsumura, F. Metabolic pathways utilized by Phanerochaete chrysosporium for degradation of the cyclodiene pesticide endosulfan. Appl. Environ. Microbiol, 1996, 62: 593-600.

[122] UNEP. Guidance to the global monitoring plan for persistent organic pollutants, preliminary version February 2007. Amended in May 2007. Stockholm convention secretariat, Geneva, 2007: 147.

[123] Qiu, X., Zhu, T., Wang, F.,Hu, J. Air–water gas exchange of organochlorine pesticides in Taihu Lake, China. Environmental Science & Technology, 2008, 42: 1928-1932.

[124] Hoh, E.,Hites, R. A. Sources of toxaphene and other organochlorine pesticides in North America as determined by air measurements and potential source contribution function analyses. Environmental Science & Technology, 2004, 38: 4187-4194.

[125] Pozo, K. et al. Passive-sampler derived air concentrations of persistent organic pollutants on a North-South transect in Chile. Environmental Science & Technology, 2004, 38: 6529-6537.

[126] Wang, X.-P., Gong, P., Yao, T.-D., et al. Passive air sampling

of organochlorine pesticides, polychlorinated biphenyls, and polybrominated diphenyl ethers across the Tibetan Plateau. Environmental Science & Technology, 2010, 44: 2988-2993.

[127] Hafner, W. D.,Hites, R. A. Potential sources of pesticides, PCBs, and PAHs to the atmosphere of the Great Lakes. Environmental Science & Technology, 2003, 37: 3764-3773.

[128] Qiu, X., Zhu, T., Yao, B., Hu, J.,Hu, S. Contribution of dicofol to the current DDT pollution in China. Environmental Science & Technology, 2005, 39: 4385-4390.

[129] Bidleman, T. F., Leone, A. D. Soil–air exchange of organochlorine pesticides in the Southern United States. Environmental Pollution, 2004, 128: 49-57.

[130] Cousins, I. T., Jones, K. C. Air–soil exchange of semi-volatile organic compounds (SOCs) in the UK. Environmental Pollution, 1998, 102: 105-118.

[131] Cousins, I. T., Beck, A. J.,Jones, K. C. A review of the processes involved in the exchange of semi-volatile organic compounds (SVOC) across the air–soil interface. Science of the total environment, 1999, 228: 5-24.

[132] Bozlaker, A., Odabasi, M., Muezzinoglu, A. Dry deposition and soil–air gas exchange of polychlorinated biphenyls (PCBs) in an industrial area. Environmental Pollution, 2008, 156: 784-793.

[133] Harner, T., Bidleman, T. F., Jantunen, L. M.,Mackay, D. Soil—air exchange model of persistent pesticides in the United States cotton belt. Environmental Toxicology and Chemistry: An international Journal, 2010, 20: 1612-1621.

[134] Li, Y.-F. et al. Polychlorinated biphenyls in global air and surface soil: distributions, air-soil exchange, and fractionation effect. Environmental Science & Technology, 2010, 44: 2784-2790.

[135] Wong, F., Alegria, H. A., Bidleman, T. F. Organochlorine pesticides in soils of Mexico and the potential for soil–air exchange. Environmental Pollution, 2010, 158: 749-755.

[136] Tian, C. et al. A modeling assessment of association between East Asian summer monsoon and fate/outflow of α-HCH in Northeast Asia.

Atmospheric Environment, 2009, 43: 3891-3901.

[137] 全国农业技术推广服务中心 . 棉花病虫防治分册 . 北京：中国农业出版社 , 2007.

[138] 中国农业科学院植物保护研究所 , 等 . 中国农作物病虫害（第三版）. 北京：中国农业出版社 , 2015.

[139] 万方浩 , 刘万学 , 郭建英 . 不同类型棉田棉铃虫天敌功能团的组成及时空动态 . 生态学报 , 2002, 22(6): 935-942.

[140] 杨益众 , 邵益栋 , 钱坤 , 等 . 不同控制措施对棉田害虫天敌的影响 . 中国生物防治 ,2002,18(3):111-114.

[141] 张征田 , 梁子安 , 王明伟 , 等 . 3 种不同类型棉田害虫与天敌时空动态变化 . 安徽农业科学 , 2007, 35(22): 6856-6857.

[142] 陆承志 , 阿不都日西提 . 几种主要防护林树种对棉田害虫天敌越冬诱集保护作用的研究 . 防护林科技 , 2005(4): 11-13.

[143] 刘俊利 . 保护棉田天敌九法 . 河北农业科技 , 2003(7): 21-21.

[144] 杨屾 , 吐尔逊・艾合买提 , 郭文超 , 等 . 麦棉距离对棉田天敌数量的影响 . 中国棉花 , 1999(11): 21-23.

[145] 王林霞 , 田长彦 , 马英杰 , 胡敏芳 . 玉米诱集带对棉田天敌种群动态的影响 . 干旱地区农业研究 , 2004, 22(1): 86-89.

[146] 姜运涛 , 马德英 , 杨保环 , 等 . 20% 吡虫啉 SL 不同施药方式对棉田天敌数量动态影响的比较 . 农药 , 2009(8): 586-587.

[147] 高锦凤 . 棉田天敌优势种群的保护及其利用 . 植物医生 , 2010(4): 42-43.

[148] 郭松景 , 王钧 . 棉铃虫幼虫寄生天敌种类及其与气象因子的关系 . 河南农业科学 , 1999(10): 17-19.

[149] 夏敬源 , 王春义 . 不同类型棉田棉铃虫及其优势天敌种群动态研究初报 . 中国棉花 , 1996, 23(6): 5-7.

[150] 唐睿 , 余浪 , 高永健 , 等 . 新疆棉田硫丹防虫替代技术的筛选与评价 . 新疆农业科学 , 2020, 57(6): 1071-1080.

[151] 闵红 , 楚桂芬 , 周新强 , 等 . NPV 防治棉铃虫的初步研究 . 全国农业技术推广服务中心、湖南省农业厅 . 第二十一届全国农药械“双交会”论文集 . 全国农业技术推广服务中心、湖南省农业厅 : 中国农业技术推广协会 , 2005: 221-222.

[152] 吴莉莉，颜咏梅，熊向东 .600 亿 PIB/g 棉铃虫核型多角体病毒 WG 防治加工番茄田棉铃虫田间试验效果 . 新疆农业科技 , 2018(3): 47-48.

[153] 别家新 . 如何正确使用生物农药——Bt. 河北农业科技 , 2003(12): 12.

[154] 于宏坤，梁革梅，任明勇，等 . 防治棉铃虫的高毒农药替代品种研究 . 农药学学报 , 2006(4): 327-334.

[155] 黄晓伟，刘刚，颜桂安，等 . 甲氧虫酰肼登记应用现状及发展建议 . 农药科学与管理 , 2017, 38(6): 8-12.

[156] 孙良斌 . 中国棉花主产区的优势动态比较 . 湖北农业科学 , 2014, 53(13): 3196-3198.

[157] 舒畅，余昌喜 . 江西棉花病虫害预测预报与防治 . 南昌：江西科学技术出版社 , 2008.